Thomas Abraham

Technologie nawadniania i nawożenia dla systemu upraw międzyplonów

Thomas Abraham

Technologie nawadniania i nawożenia dla systemu upraw międzyplonów

Wydawnictwo Bezkresy Wiedzy

Cover image: www.ingimage.com

Publisher:
Wydawnictwo Bezkresy Wiedzy
is a trademark of
International Book Market Service Ltd., member of OmniScriptum Publishing Group
17 Meldrum Street, Beau Bassin 71504, Mauritius

Printed at: see last page
ISBN: 978-620-0-81754-9

Technologie nawadniania i nawożenia dla systemu upraw międzyplonów

Dr. THOMAS ABRAHAM

Spis treści

I. INTRODUCTION

Indie to duży kraj o ponad 1028 milionach mieszkańców, zajmujący drugie miejsce po Chinach na świecie. Muszą one wyżywić tę dużą populację, której powierzchnia upraw netto wynosi 140,88 m ha, a powierzchnia nawadniana netto wynosi tylko 55,1 m ha. W nadchodzących latach powierzchnia użytków rolnych, a także dostępność wody do nawadniania, będzie się prawdopodobnie dalej kurczyć wraz z rosnącą liczbą ludności burżuazyjnej, urbanizacją i industrializacją.

Duża populacja Indii, będąca wegetarianinem w zwyczaju żywieniowym, jest uzależniona od produkcji rolnej w celu zaspokojenia swoich potrzeb żywieniowych. Zapotrzebowanie na białko jest zaspokajane głównie przez różne gatunki roślin strączkowych uprawianych na całej długości i szerokości kraju. Jednakże zapotrzebowanie na rośliny strączkowe pozostawało znacznie powyżej produkcji w ciągu ostatnich wielu dekad, a ich dostępność w przeliczeniu na jednego mieszkańca była mniejsza niż zalecane przez FAO 80 g na osobę dziennie. Chociaż Indie posiadają największy obszar upraw roślin strączkowych - 22,76 m ha przy produkcji 13,13 mln ton i średniej wydajności zaledwie 577 kg/ha (FAI, 2006), od wielu lat są importerem netto roślin strączkowych. Sytuacja wygląda dość ponuro, przy oczekiwanym zapotrzebowaniu na rośliny strączkowe wynoszącym 22,3-23,8 mln ton do 2020 r. przy wydajności 1029-1095 kg/ha (Paroda i Kumar, 2000). Wśród roślin strączkowych ciecierzyca (*Cicer arietinum* L.) jest jedną z wiodących roślin uprawnych w Indiach. Uprawiana jest na 6,72 m ha, a jej łączna produkcja wynosi 5,47 mln ton przy średniej produktywności 815 kg/ha (FAI, 2006). Jest znana pod różnymi nazwami, takimi jak gram, gram bengalski, chana itp. Razem z grochem gołębiarskim stanowi on ponad 70 % wszystkich nasion roślin strączkowych uprawianych w kraju. Jest bogaty w składniki odżywcze, zawiera 21g białka, 5,6 g tłuszczu i 59,8 g węglowodanów na każde 100 g nasion.

Podobnie zapotrzebowanie na ropę naftową do spożycia przez ludzi jest również zaspokajane przez różne rośliny oleiste uprawiane w kraju. Wśród 9 głównych nasion oleistych na drugim miejscu znajduje się grupa upraw rzepaku i gorczycy (*Brassica juncea*) o powierzchni 7,32 m ha i produkcji 7,59 mln ton przy średniej wydajności 1038 kg/ha (FAI 2006). Jest to bogate źródło oleju jadalnego zawierającego około 40 % oleju dobrej jakości. Stanowi on ponad 25 % całkowitej powierzchni i produkcji nasion oleistych w Indiach.

Ciecierzyca jest uprawiana podczas *rabi,* czyli zimą w wielu częściach kraju. Madhya Pradesh, Uttar Pradesh, Haryana, Punjab, Maharashtra, Karnataka są wiodącymi producentami tej rośliny. Musztarda jest także rośliną *rabi* i konkurencją dla areału z ciecierzycą i ogranicza się głównie do Radżastanu, Haryany, Uttar Prадеś i Pendżabu. Jednak wydajność zarówno ciecierzycy, jak i gorczycy jest dość niska w porównaniu z ich potencjałem. Stwierdzono wiele przyczyn niskiej produktywności tych upraw. Wśród nich zaobserwowano, że powszechne praktyki agronomiczne, takie jak nawadnianie i odżywianie, mają wpływ na ich wydajność w wielu obszarach kraju. Mimo że Indie dysponują znacznym obszarem pod nawadnianiem, jest on głównie wykorzystywany do uprawy zbóż, takich jak ryż, pszenica oraz upraw komercyjnych, takich jak trzcina cukrowa i bawełna. Ciecierzyca i gorczyca są uprawiane głównie w warunkach deszczowych i na terenach suchych, wykorzystując wilgoć resztkową po deszczach monsunowych. Istnieje duża liczba doniesień wskazujących na zwiększoną wydajność tych upraw w 1-2 nawadnianiach podczas krytycznych etapów wzrostu.

Dalszy brak wystarczającej ilości stosowanych składników odżywczych osłabia zdolność produkcyjną tych upraw, prowadząc do niższej wydajności. Są to również duże ilości substancji odżywczych wymagających uprawy ze względu na wysoką zawartość białka i oleju w nasionach ciecierzycy i gorczycy. Uprawa ciecierzycy, która produkuje około 1000 kg/ha, usuwa 60,4 kg N, 23,9 kg P i 155,2 kg K (Singh i Sharma, 1980 r.); natomiast uprawa gorczycy, która produkuje około 1500 kg/ha, usuwa 32,8 kg N, 16,4 kg P i 41,8 kg K (Hegde i Sudhakara Babu, 2000 r.). Chociaż w rolnictwie indyjskim wykorzystuje się około 12,7 mln ton N, 5,2 mln ton P2O5 i 2,41 mln ton K2O (FAI, 2006), rośliny te są rzadko zaopatrywane w wystarczającą ilość składników odżywczych. Ponadto, ponieważ rośliny te są bogate w białko i olej, ich produkcję znacznie zwiększa dostępność siarki w glebie, ponieważ aminokwasy bogate w siarkę i kwasy tłuszczowe pomogą w syntezie białka i oleju. Jednak intensywna uprawa w połączeniu z brakiem suplementacji siarki przez nawozy doprowadziła do spadku dostępnej siarki w glebie. To jeszcze bardziej pogorszyło sytuację w zakresie dostępności składników odżywczych dla upraw.

Ponieważ zarówno ciecierzyca, jak i gorczyca są uprawami na sezon *rabi o zróżnicowanym* wzorze ukorzenienia, fenologii i morfologii, istnieje możliwość ich pomyślnej uprawy w systemach międzyplonowych. System uprawy międzyplonowej zabezpiecza przed awarią tej czy innej uprawy z powodu naturalnych wahań wilgotności, szkodników i chorób itp. Poza tym zwiększa on również wydajność systemu, dając wyższy zwrot i stabilność społeczności rolniczej. Poza tym uprawa międzyplonów nie tylko niesie ze sobą ryzyko unikania programów upraw odpowiednich do warunków opadowych, ale także jest w ostatnim czasie postrzegana jako środek intensyfikujący uprawy w rolnictwie nawadnianym. Ze względu na dostępność wysokoplennych odmian roślin o różnym czasie dojrzewania i rytmie wzrostu, środków ochrony roślin, nawadniania i nawozów chemicznych koncepcja uprawy międzyplonowej została praktycznie zmieniona. Obecnie ma ona na celu zwiększenie wydajności na jednostkę powierzchni i czasu (Kumar *i in.*, 2006).

Uttar Pradesh jest wiodącym krajem rolniczym w kraju, który w znacznym stopniu przyczynia się do produkcji nasion roślin strączkowych i oleistych. Zachodnia część Uttar Pradesh, obdarzona żyzną glebą, zasobami wodnymi i przyjaznym agro-klimatem, jest liderem w produkcji tych roślin. Chociaż woda do nawadniania nie jest ograniczona, często jest ona wykorzystywana do uprawy takich roślin jak ryż, pszenica, trzcina cukrowa itp. W ten sposób rośliny strączkowe i nasiona oleiste są spychane na krańce ziem, gdzie jest mniej urządzeń irygacyjnych i mniej intensywnych obszarów rolniczych. Na tych obszarach istnieje ogromny potencjał zwiększenia wydajności tych upraw przy rozsądnym zarządzaniu zasobami, takimi jak woda, składniki odżywcze i maksymalnym wykorzystaniu ulepszonych technik rolniczych.

Zachowując wszystkie powyższe fakty w świetle eksperymentu zatytułowanego **"Wpływ nawadniania i poziomu płodności na system międzyplonowy ciecierzycy + musztardy"** przeprowadzono w następujących celach:

- Badanie wpływu nawadniania na system międzyplonowy ciecierzycy + musztardy.
- Badanie wpływu różnych poziomów płodności na system międzyplonowy ciecierzycy + musztardy.
- Badanie interakcji między nawadnianiem a poziomem płodności, jeśli takie istnieją, na systemie międzyplonowym grochu kurczaka + musztardy.
- Opracowanie ekonomiki produkcji roślinnej ciecierzycy + systemu międzyplonów musztardy.

II. PRZEGLĄD LITERATURY

W niniejszym rozdziale podjęto próbę przedstawienia krótkiego przeglądu dostępnych informacji badawczych dotyczących wpływu nawadniania i poziomu płodności na wzrost, jakość i plon ciecierzycy *(Cicer arietinum* L.*)* uprawianej samodzielnie i takiego wpływu na rośliny składowe w połączeniu z gorczycą [*Brassica juncea* (L.) Czern i Coss] w różnych systemach międzyplonowych. Ponadto podaje się również informacje o zaletach plonowania liczonych za pomocą wskaźnika LER (ang. land equivalent ratio) oraz o potencjale zysku ciecierzycy wielokwiatowej + gorczycy i powiązanych systemów międzyplonów.

2.1 Wpływ systemu międzyplonowego na wydajność ciecierzycy

Ciecierzyca z *Torią, sarsonem* lub musztardą była podobno powszechną mieszanką w rolnictwie opadowym w północnych Indiach (Saksonia i Yadav, 1975). Jednak badania naukowe dotyczące systemów międzyplonowych gorczycy + ciecierzycy ze szczególnym uwzględnieniem układu przestrzennego i nawożenia azotem są skromne, ale podjęto szczerą próbę dokonania przeglądu wpływu systemów międzyplonowych na wzrost, plon, jakość, zawartość i pobór N, P & S, ekonomikę produkcji i korzyści w zakresie plonów. Ilekroć informacje na temat właściwych systemów międzyplonowych nie były wystarczające, brane są pod uwagę również inne powiązane systemy międzyplonowe.

Większość czynników, dla których istnieje konkurencja, znajduje się jako pula materiałów, z których konkurenci czerpią swoje dostawy. Kiedy pula jest wyczerpana i nie jest wystarczająca do zaspokojenia zapotrzebowania konkurencyjnych zakładów, rozpoczyna się konkurencja (Donald, 1963). Kaushik *i in.* (1980) poinformowali, że odpowiednia modyfikacja wzoru sadzenia i staranny dobór upraw mogą w znacznym stopniu ograniczyć wzajemną konkurencję. May i Misangu (1980 r.) również poinformowali o tym samym.

W doświadczeniu polowym przeprowadzonym w latach 1998-99-2001 w Indian Institute of Pulses Research, Kanpur w celu zbadania kompatybilności genotypowej ciecierzycy i musztardy indyjskiej w systemie międzyplonowym *kabuli ciecierzycy* i musztardy indyjskiej wykazał, że wśród różnych systemów międzyplonowych "BG 1003" ciecierzyca + musztarda indyjska "vardan" odnotowała znacząco najwyższe cechy wzrostu i wydajności ciecierzycy i musztardy indyjskiej w porównaniu z innymi systemami międzyplonowymi. W systemie międzyplonowym "BG 1003" + "vardan" ciecierzyca zanotowano znacząco wyższy wskaźnik ekwiwalentu ciecierzycy, wskaźnik ekwiwalentu ziemi (LER), zyski netto i korzyści: wskaźnik kosztów odnotowano w systemie międzyplonowym "BG 1003" + "vardan". Wyższy plon nasion roślin składowych w systemie międzyplonowym wykazywał zależność kompatybilności, co skutkowało wyższym plonem równoważnika ciecierzycy.

2.1.1 Atrybuty wzrostu

Kushwaha (1983) podał, że wzrost udziału ciecierzycy (1:4) w systemach międzyplonowych musztarda + ciecierzyca zwiększyła liczbę pierwotnych i wtórnych gałęzi na zakład musztardy w porównaniu z musztardą solną. Z drugiej strony zmniejszenie udziału ciecierzycy w uprawie międzyplonowej zmniejszyło zarówno pierwotne, jak i wtórne gałęzie na zakład produkujący ciecierzycę.

Meena (1985) zgłosiła wzrost liczby strąkowych gałązek musztardy w systemie międzyplonowym musztarda + ciecierzyca (3 rzędy ciecierzycy między rzędami musztardy rozmieszczone w odległości 90 cm), co dało maksymalną liczbę strąkowych gałązek w czasie zbiorów nad czystym drzewostanem. Jednak różnice w innych systemach (1:1 i 1:2) były mniej wyraźne. Uprawa międzyplonowa ciecierzycy w rzędach parzystokopytnych (45-75 cm) w proporcji 2:1 odnotowała wyższe gałęzie główne, a następnie krokosz baraniec + ciecierzyca w proporcji 1:1 w przypadku normalnego sadzenia w porównaniu z proporcjami 1:2, 1:3 w przypadku normalnego sadzenia lub 2:2 i 2:3 w rzędach parzystokopytnych, odpowiednio w proporcjach 45-75 cm i 30-60 cm (Hiremath *i in.,* 1991). Kumar i Singh (1987) przeprowadzili doświadczenie polowe w Pantnagar i stwierdzili, że międzyplonowanie gorczycy z ciecierzycą spowodowało zmniejszenie ilości gałęzi na roślinie.

Saraf *i in.* (1990) w ramach drugiego międzynarodowego warsztatu poświęconego poprawie uprawy ciecierzycy, ICRISAT, Hyderabad, podkreślili potrzebę stosowania różnych systemów uprawy mających na celu poprawę rentowności zarówno w czasie, jak i przestrzeni oraz podkreślili, że ze względu na ulepszone rodzaje roślin i właściwości poprawiające glebę, coraz częściej stosuje się systemy uprawy ciecierzycy. Ujawniły one również, że włączenie ciecierzycy do systemów upraw doprowadziło do zwiększenia plonów zarówno w warunkach deszczowych, jak i nawadnianych.

W badaniu przeprowadzonym przez Tripathi *et al.* (2000) w Kanpur, poprzez wprowadzenie musztardy (*Brassica juncea*) jako międzyplonu o dwurzędowych proporcjach w gramie bengalskim (*Cicer arietinum*) dostarczanej z 0, 30, 60 i 90 kg P2O5/ha, w celu zbadania zachowania wzrostu i plonu grama bengalskiego w połączeniu z musztardą. Włączenie musztardy jako międzyplonu obniżyło parametry wzrostu grama bengalskiego w systemach międzyplonowych. Właściwości plonotwórcze takie jak: strąki z rośliny, masa strąków z rośliny, masa nasion w strąku i masa nasion z rośliny wszystkich rodzajów gałęzi zostały również obniżone przez międzyplonowanie gorczycy. Dalej w systemach międzyplonowych gorczyca w stosunku 8:2 rzędowa + bengal gram + gorczyca powodowała istotnie wyższy wzrost i większe plonowanie niż w 6:2 rzędowym systemie sadzenia. Odpowiednio średnie plony nasion grama bengalskiego w rzędach wynosiły 404, 309 i 370 g, gdy gram uprawiany był w systemie czystym, a gorczyca w rzędach 6:2 i 8:2. Gram bengalu zareagował na zastosowanie P do 60 kg/ha.

2.1.2 Atrybuty wydajności

Kushwaha (1983) zaobserwowała stosunkowo wyższą zawartość suchej masy na roślinę gorczycy i grochu ciecierzycy, gdy dwa rzędy gorczycy o rozstawie 60 cm zastąpiono czterema rzędami ciecierzycy (1:4), w porównaniu z ich jedynymi uprawami i 2:2 rzędami (1 rząd gorczycy zastąpiono dwoma rzędami ciecierzycy). W doświadczeniu polowym przeprowadzonym w celu oceny plonu nasion i zdolności konkurencyjnej powiązanych gatunków roślin uprawnych w składzie dwudzielnym z gorczycą w różnych proporcjach (1 rząd gorczycy na przemian z 4, 6 lub 8 rzędami ciecierzycy, soczewicy, jęczmienia) w warunkach suchego gruntu.

Gangasaran i Giri (1988) zaobserwowali, że na suchą masę musztardy większy wpływ miał jęczmień niż ciecierzyca lub soczewica. Wyższą zawartość suchej masy na roślinę odnotowano w przypadku składu musztardy + ciecierzycy w stosunku 1:6 niż w systemach 1:4 lub 1:8. Meena (1985) nie stwierdziła istotnych różnic w suchej masie roślin gorczycy uprawianej z ciecierzycą w różnych proporcjach, tj. 1:1, 1:2 i 1:3. U cieciecierzycy natomiast masa sucha rośliny przy 120 DAS uległa znacznemu zmniejszeniu w systemie 1:2 w porównaniu z systemem 1:1. Znaczną redukcję suchej masy roślin międzyplonowych odnotowano w przypadku gorczycy uprawianej międzyplonowo. W czasie zbiorów redukcja wynosiła 18,6 i 24,6 procent w porównaniu z pszenicą solną odpowiednio w latach 1985-86 i 1986-87. Podobnie spadek suchej masy (gm) zaobserwowano w gorczycy w porównaniu z jej jedynym drzewostanem, co wynikało z mniejszej populacji.

Doświadczenie polowe zostało przeprowadzone przez Singh *et al.* (2006) w celu oceny potencjału produkcyjnego ciecierzycy w odniesieniu do międzyplonów raya intercropping w różnych wzorach sadzenia i orientacji rzędowej w warunkach deszczowych. Wszystkie systemy międzyplonowe oparte na ciecierzycy powodowały wyższy plon równoważnika ciecierzycy (CEY) w porównaniu z uprawą podeszwową. Wysiew ciecierzycy w kierunku północ-południe odnotował 10,2% wyższy średni plon nasion niż wysiew w kierunku wschód-zachód. Uprawa międzyplonów ciecierzycy w odległości 3,0-3,5 m od siebie dawała najwyższy średni plon równoważnika plonu, zyski netto i stosunek korzyści do kosztów w porównaniu z innymi zabiegami. Zużycie wody nie uległo znacznemu wpływowi w różnych schematach sadzenia, ale było większe w kierunku północ-południe rzędu. Wyniki wskazują również na wpływ wielkości i rozkładu opadów, szczególnie w warunkach deszczowych.

Kumar *i wsp.* (2005) w doświadczeniu polowym mającym na celu ocenę różnych wzorów międzyplonów ciecierzycy żółtej sarsonowej zauważyli, że wszystkie zabiegi międzyplonowe były lepsze niż uprawy soli pod względem wydajności równoważnej ciecierzycy i zwrotu netto. Uprawy międzyplonowe ciecierzycy i sarsona żółtego w proporcji 4:1 dały najwyższy plon całkowity (2379 kg/ha), plon równoważny ciecierzycy (2406 kg/ha), wskaźnik równoważny ziemi (1,25), zwrot netto (Rs.26501/ha), wskaźnik korzyści: kosztów (1,41), wskaźnik zrównoważonej wydajności (0,86) i wskaźnik zrównoważonej wartości (0,80).

2.1.3 Yield

Zaletą plonów uzyskiwanych z upraw międzyplonowych jest efektywne wykorzystanie dostępnych zasobów wzrostu, takich jak woda (Kassam, 1973; Baker i Norman, 1975), składniki odżywcze (Ibrahim i Kahesh, 1971; Kassam i Stockinger, 1971; Dalal 1974 i Lakhani, 1976) i światło (Nelliet *i in.* , 1974; i Baker i Yusuf, 1976). Rośliny uprawne oprócz bardziej efektywnego wykorzystania zasobów wzrostu, tłumiły chwasty i zmniejszyły zachorowalność na choroby i szkodniki, w wyniku czego nastąpiła ogólna poprawa w produkcji w porównaniu z uprawami podeszwowymi (Rao i Shetty, 1977).

2.1.4 Absorpcja i jakość składników odżywczych

Parihar *i inni.* (2000 r.) w doświadczeniu polowym mającym na celu zbadanie wpływu różnych proporcji rzędów gorczycy i ciecierzycy oraz nawadniania na plon i ekonomikę różnych systemów uprawy międzyplonów wykazały, że jedyna uprawa ciecierzycy dawała najwyższy plon nasion, plon równoważny ciecierzycy oraz całkowitą absorpcję N i P, a następnie innych systemów uprawy międzyplonów, co wskazuje, że gorczyca zakłócała plon ciecierzycy, podczas gdy jedyna uprawa gorczycy odnotowała najniższy plon nasion i najniższą absorpcję składników odżywczych, ponieważ całkowita biomasa była mniejsza niż w innych systemach uprawy. Nawadnianie miało istotny pozytywny wpływ na plon nasion zarówno ciecierzycy, jak i gorczycy. Jednak więcej niż jedno nawadnianie było szkodliwe dla ciecierzycy na glebie gliniasto-gliniastej, natomiast gorczyca reagowała istotnie. Najwyższy stosunek zysku brutto, zysku netto i stosunku korzyści do kosztów odnotowano w przypadku ciecierzycy jednorocznej, a następnie ciecierzycy wielokwiatowej + gorczycy wielokwiatowej w proporcji 4:2 rzędów.

2.1.5Ekonomia

Avanesh *i in.* (2001) zaobserwowali najwyższy wskaźnik ekwiwalentu gruntów (LER), wskaźnik powierzchni x ekwiwalentu czasu (ATER), wydajność efektywna ogółem (EYT), zysk netto i stosunek korzyści do kosztów uzyskano w stosunku 6:2 rzędów. Spośród badanych poziomów fosforu 60 kg P2O5/ha uznano za najbardziej ekonomiczne. Pobór P był istotnie wyższy przy 60 kg P2O5/ha w porównaniu z 30 kg P2O5/ha. Najwyższy był również zwrot netto, tj. Rs. 22, 042,90 i 20, 182,04/ha odpowiednio przy stosunku rzędów 6:2 i 60 kg P2O5/ha.

Wbrew odnotowanym korzyściom, uprawa międzyplonów powodowała czasem szkodliwe (allelopatyczne) skutki w jednym lub obu składnikach upraw (Risser, 1962 i Ryż, 1974). Uprawa międzyplonów stanowiła również problem w zarządzaniu uprawami w krajach/regionach, gdzie stosuje się wyższy stopień mechanizacji (Willey, 1979).

Kumar *i wsp.* (2006) w doświadczeniu polowym mającym na celu określenie wpływu stosunków rzędów (4:2, 6:2 i 8:2) na uprawę międzyplonów ciecierzycy *(Cicer arietinum)* + gorczycy indyjskiej *(Brassica juncea)* na wzrost, cechy plonu, ocenę plonu i zyski pieniężne oraz pobieranie P w warunkach suchych. Najwyższy stosunek powierzchni do ekwiwalentu ziemi (LER), stosunek powierzchni do ekwiwalentu czasu (ATER), plon efektywny ogółem (EYT), zwrot netto i stosunek korzyści do kosztów uzyskano przy stosunku rzędów 6:2. Najwyższy był również zwrot netto, tj. Rs 22, 042,90 i 20, 182,04/ha przy stosunku 6:2 rzędów.

2.2 Wpływ praktyk irygacyjnych na ciecierzycę

2.2.1 Atrybuty wzrostu

Ahlawat *i wsp.* (2005) stwierdzili, że nawadnianie w gramach przy stosunku 0,4 IW:CPE spowodowało zmniejszenie plonu nasion o 31,6% w porównaniu z 0,2 IW:CPE. Plon gorczycy indyjskiej w systemach międzyplonowych w gramach + gorczyca indyjska zależał od rzędowych proporcji upraw komponentowych. Plon równoważnika gramowego (GEY) był najwyższy w gorczycy indyjskiej (3,04 tony/ha) i przy nawadnianiu w stosunku 0,2 IW:CPE (2,42 tony/ha). Przy bliższych proporcjach rzędów (2:1 i 3:1) grama i systemie międzyplonowym gorczycy indyjskiej nawadnianie przy stosunku 0,4 IW:CPE dawało wyższe plony równoważnika gramowego (2,88 i 2,744 t/ha), natomiast przy szerszych proporcjach rzędów (4:1 i 6:1) nawadnianie przy stosunku 0,2 IW:CPE dawało wyższe plony równoważnika gramowego (2,41 i 2,33 t/ha). Wydajność zużycia wody (kg/ha-mm) była najwyższa w przypadku gorczycy indyjskiej (12,66) i upraw nienawadnianych (11,7).

Wydajność 25 genotypów ciecierzycy została oceniona przez Durga *et al.* (2005) w warunkach nawadniania i nienawadniania w Andhra Pradesh. Badane parametry obejmowały: dni kwitnienia do 50%, dni dojrzewania, wysokość roślin, liczbę gałązek/roślin, liczbę strąków/roślin, plon nasion i masę testową. Genotypy wymagały więcej czasu na kwitnienie i dojrzewanie, ale były wyższe i miały większą liczbę strąków w warunkach nawadnianych, w porównaniu z warunkami nienawadnianymi. ICCV 94916-8 wykazała maksymalny plon nasion w warunkach nawadnianych i nie nawadnianych (odpowiednio 2799 i 2498 kg/ha). ICCV 94916-8 miała pogrubione nasiona o jednakowej wielkości w obu warunkach. ICCV 98936 i ICCV 98908 były lepsze w obu warunkach, wskazując na stabilność plonu i odporność na suszę.

2.2.2 Atrybuty wydajności

Roy i Tripathi (1985) zgłosiły nawadnianie w stosunku IW/CPE wynoszącym 0,4 okazały się lepsze dla ciecierzycy w wilgotnym pasie aluwialnym południowo-zachodniego regionu Bengalu Zachodniego. Zauważyli oni ponadto, że wzrost plonu ziarna był związany ze wzrostem liczby strąków i ziaren na roślinie.

Kaushik i Chaubey (1999) stwierdzili, że ciecierzyca cv. Avrodhi nie była nawadniana lub była nawadniana w czasie rozgałęzień (B), wstępnego kwitnienia (FL) lub nadzienia strąków (PF), lub w czasie B + FL lub B + PF. Wydajność ziarna była większa przy nawadnianiu niż bez nawadniania, a przy nawadnianiu 2 zamiast 1, przy nawadnianiu w B + PF dającym największy plon. Przy 1 nawadnianiu, plon zmniejszał się z opóźnieniem w nawadnianiu. Wydajność zużycia wody była największa przy 1 nawadnianiu w punkcie B. W przypadku 1 nawadniania plon zmniejszał się z opóźnieniem w nawadnianiu.

Singh *et al.* (2006) w doświadczeniu polowym przeprowadzonym w celu oceny wpływu nawadniania (jedno nawadnianie w okresie przedkwitnienia; oraz 2 nawadnianie w okresie przedkwitnienia i rozwoju strąków), S (20 i 40 kg/ha) oraz inokulacji nasion (*Rhizobium*; bakterie rozpuszczające fosforany, PSB; oraz *Rhizobium* sp. + PSB) na późno zasianą ciecierzycę cv. HC1. *Rhizobium* sp. + PSB i S przy 40 kg/ha dawały najwyższą liczbę strąków/roślinę (37,87), plon nasion (1744 kg/ha), pobór całkowity S (45,57 kg/ha) i zwrot netto (Rs. 2357/ha). Zabiegi kontrolne (brak nawadniania i zabiegi S) wykazały najniższe wartości tych parametrów. Plon nasion był istotnie i dodatnio skorelowany z akumulacją suchej masy, cechami plonu, pobieraniem składników pokarmowych, plonem białka i zużyciem wody konsumpcyjnej.

2.2.3 Yield

Prasad *et. al* (2006) w doświadczeniu polowym mającym na celu przebadanie najodpowiedniejszej odmiany gorczycy uprawianej w połączeniu z ciecierzycą oraz ocenę wpływu odmian gorczycy na plon ciecierzycy i odwrotnie, w którym siedem odmian gorczycy badano z ciecierzycą w stosunku 1:4 rzędowym, wykazało, że ciecierzyca międzyplonowa produkowała w obu latach statystycznie niższy plon ziarna niż sola. Przeciętnie uprawa międzyplonowa gorczycy z ciecierzycą zmniejszyło plon ziarna ciecierzycy średnio o 10,15, 9,40, 5,01, 5,50, 9,44, 5,05 i 8,31% odpowiednio w przypadku Varuna, Vaibhav, Urvashi, Kanti, Vardan, Basanti i Rohini. Gorczyca międzyplonowa dawała znacznie niższe plony niż czysta musztarda w obu latach na podstawie powierzchni. Pozytywny wpływ ciecierzycy na plon nasion odmian gorczycy wynosił średnio 14,04, 15,49, 22,41, 9,16, 16,55, 14,04 i 12,44% odpowiednio w przypadku odmian Varuna, Vaibhav, Urvashi, Kanti, Vardan, Basanti i Rohini. Uprawa musztardy cv. Urvashi okazała się najbardziej odpowiednia do skojarzenia z ciecierzycą (stosunek rzędów 1:4), ponieważ dała najwyższy plon nasion 11,65 q ha-1, plon równoważnika ciecierzycy 36,94 q ha-1, zysk netto Rs 33 359 ha-1, wskaźnik równoważnika ziemi (1,18) i wskaźnik korzyści pieniężnych Rs 7321 ha-1, a następnie Basanti.

Tigga *et al.* (2004) w doświadczeniu polowym przeprowadzonym w celu zbadania wpływu uprawy międzyplonów i zintegrowanego zarządzania składnikami pokarmowymi na wyniki indyjskiej musztardy cv. Pusa Bold and chickpea cv. JG-74. Obejmowały one zabiegi międzyplonowe: I1, musztarda solna w odstępie 40 cm; I2, ciecierzyca solna w odstępie 30 cm; I3, musztarda:ciecierzyca w stosunku 1:2; I4, musztarda:ciecierzyca w stosunku 1:3; oraz I5, musztarda:ciecierzyca w stosunku 2:3. Sposób postępowania z substancjami odżywczymi był następujący: F1, zalecane proporcje N:P:K (RFD, 80:50:30 i 20:50:30 kg/ha odpowiednio dla musztardy i ciecierzycy); F2, RFD + bakterie rozpuszczające fosfor; F3, RFD w 50% + 50% N w oborniku (FYM); oraz F4, 50% RFD + 50% N w oborniku (FYM). F4 wytworzyła najwyższe wartości dla wysokości roślin, akumulacji suchej masy i liczby gałęzi. I3 skutkowało również maksymalną akumulacją suchej masy. Maksymalny wzrost gorczycy uzyskano w ramach I1, a ciecierzycy w ramach I5. Plony nasion poszczególnych roślin były najwyższe przy uprawie podeszwowej.

2.2.4 Absorpcja i jakość składników odżywczych

Singh *et al.* (2004) poinformowali, że w dwóch irygacjach w fazie przedkwitnienia i rozwoju strąków odnotowano najwyższe plony nasion, słomy i białka oraz pobór składników pokarmowych przy braku nawadniania i jednym nawadnianiu w fazie przedkwitnienia; jednakże zawartość składników pokarmowych nieznacznie spadła wraz ze wzrostem liczby nawadnień z powodu efektu rozcieńczenia. Plon nasion, słomy i białka, zawartość białka i pobór składników pokarmowych zwiększały się wraz ze wzrostem poziomu siarki. Inokulacja *Rhizobium* + PSB powodowała wyższe plony nasion i słomy, zawartość białka, zawartość N w nasionach i słomie oraz pobieranie wszystkich składników pokarmowych w porównaniu z brakiem inokulacji i jednorazową inokulacją *Rhizobium* lub PSB.

2.2.5Ekonomia

Singh *et al.* (2005) poinformowali, że zwroty brutto, zwroty netto oraz stosunek korzyści do kosztów wzrosły wraz ze wzrostem poziomu nawadniania i siarki. Szczepienie nasion *Rhizobium*+ PSB przyniosło najwyższe zwroty brutto, zwroty netto oraz stosunek korzyści do kosztów w porównaniu z brakiem szczepienia oraz szczepieniem *Rhizobium* lub PSB. Najwyższą rentowność brutto (37575 rupii ha-1), rentowność netto (26340 rupii ha-1) oraz stosunek korzyści do kosztów (2,35) uzyskano przy nawadnianiu w fazie przedkwitnienia i inicjacji strąków, 40 kg S ha-1 oraz zaszczepieniu nasion *Rhizobium* + PSB.

2.3Wpływ żywienia N, P i S na ciecierzycę

2.3.1 Atrybuty wzrostu

Karande *et al.* (2006) w doświadczeniu przeprowadzonym na ciecierzycy cv. Miejscowe, w którym zabiegi składały się z 3 układów pól (płaskie grządki, redliny i bruzdy w rozstawie 60 i 90 cm) i 4 poziomów nawożenia (100% zalecana dawka nawozu (RDF), 100% RDF + bakterie rozpuszczające fosforany (PSB) + *Rhizobium* , 75% RDF + 25% N przez obornik oraz 75% RDF + 25% N przez obornik + PSB + *Rhizobium*) wykazały, że akumulacja suchej masy wzrastała od 0,91 g w ciągu 28 dni do 43,65 g na roślinę przy zbiorze. Tempo gromadzenia suchej masy było szybsze w fazie wegetatywnej i reprodukcyjnej (28-84 dni po siewie) i wolniejsze w późniejszych fazach wzrostu roślin. Średnia liczba strąków na roślinie, liczba nasion i masa nasion na roślinie, liczba nasion w strąku i masa 100 nasion wynosiła odpowiednio 43,91, 50,25, 14,99 g, 1,17 i 31,69 g. Średnie plony nasion i słomy + bhusa wynosiły odpowiednio 27,25 i 30,99 q/ha. W redlinach i bruzdach w rozstawie 90 cm wytworzono istotnie więcej suchej masy całkowitej z rośliny, liczby strąków z rośliny, liczby nasion i masy materiału siewnego z rośliny, liczby nasion w strąku oraz masy 100 nasion. Zastosowanie 75% RDF + 25% N przez obornik + PSB + *Rhizobium wytworzyło znacznie więcej suchej masy całkowitej z rośliny* niż 100% RDF, 100% RDF + PSB + *Rhizobium* przy zbiorach i 75% RDF + 25% N przez obornik przez cały okres wzrostu roślin, z wyjątkiem 42 dni po wysiewie, kiedy to było na równi ze 100% RDF + PSB + *Rhizobium*. W wyniku tego zabiegu wyprodukowano również znacznie większą liczbę strąków na roślinę, liczbę nasion i masę nasion na roślinę, liczbę nasion w strąku oraz masę 100 nasion. Pobór N, P i K był istotnie większy przy 75% RDF + 25% N przez obornik + PSB + *Rhizobium* niż przy pozostałych zabiegach nawozowych. Współzależność między kształtem terenu a poziomem nawożenia w odniesieniu do cech plonotwórczych, plonu i pobrania składników pokarmowych nie była istotna.

2.3.2. 2.3.2. Atrybuty wydajności

Singh *et al.* (1997) zauważyli, że plon równoważny *B. juncea* był odpowiednio o 46,0 i 23,2% wyższy od plonu solanki *B. juncea* i ciecierzycy. Plon nasion *B. juncea* był najwyższy przy 80 kg N i 60 kg P2O5. Na plon nasion ciecierzycy nie miał wpływu poziom N, ale był najwyższy przy 60 kg P2O5,Vyas i Rai (1993 r.) stwierdzili, że plon nasion ciecierzycy zmniejszył się w wyniku uprawy międzyplonów, natomiast plon nasion gorczycy był najwyższy przy uprawie międzyplonów w stosunku 1:3 rzędowym z ciecierzycą. Zastosowanie P powodowało wzrost plonów nasion i absorpcji P w obu uprawach. Z wyjątkiem gorczycy w latach 1986-1987, zwiększenie dawki P powyżej 10 kg nie zwiększyło plonów nasion.

Singh *et al.* (1993) zaobserwowali, że plony nasion ciecierzycy były podobne w pojedynczych (2,15 t/ha) lub parzystych rzędach (2,22 t) w czystych drzewostanach. Plony nasion ciecierzycy zmniejszały się w uprawach międzyplonowych, ale w drzewostanach czystych były zbliżone do plonów ciecierzycy. Aplikacja P powodowała zmniejszenie plonów nasion ciecierzycy.

2.3.3Wydajność

Biologiczna i ekonomiczna wykonalność systemów uprawy ciecierzycy ciecierzycy (*Cicer arietinum*) + gorczycy indyjskiej (*Brassica juncea*) w warunkach zróżnicowanego poziomu fosforu została zbadana przez Tripathi *et al.* (2005 r.) i wykazała, że uprawa międzyplonowa ciecierzycy i gorczycy indyjskiej daje najwyższy współczynnik równoważności gruntów (1,19), względny współczynnik wzrostu (2,30) zysk netto (Rs. 17101/ha) oraz stosunek korzyści do kosztów (2,11). Liczba strąków na roślinę i nasion w strąku, masa 1000- nasion, plon nasion, współczynnik równoważnika ziemi i względny współczynnik wzrostu wzrastały wraz ze wzrostem wskaźnika P. Stosunek zysków i korzyści do kosztów wzrastał wraz ze wzrostem wskaźnika P do 60 kg/ha.

Kumar i Singh (1987) odnotowali najwyższy stosunek powierzchni do ekwiwalentu ziemi (LER), stosunek powierzchni do czasu (ATER), plon efektywny ogółem (EYT), zysk netto i stosunek korzyści do kosztów uzyskano przy stosunku rzędów 6:2. Spośród badanych poziomów fosforu, 60 kg P2O5/ha uznano za najbardziej ekonomiczne. Pobór P był istotnie wyższy przy 60 kg P2O5/ha w porównaniu z 30 kg P2O5/ha. Najwyższy był również zwrot netto, tj. Rs. 22 042,90 i 20, 182,04/ha odpowiednio przy stosunku rzędów 6:2 i 60 kg P2O5/ha.

2.3.4 Absorpcja i jakość składników odżywczych

Chand *et al.* (2004) donieśli, że ciecierzyca ciecierzyca w czystym drzewostanie zapewniała znacznie wyższe plony, pobieranie składników odżywczych i zawartość białka niż w przypadku ciecierzycy międzyplonowej. Spośród systemów międzyplonowych najwyższe plony, zawartość białka, N, P i K odnotowano u ciecierzycy wielokwiatowej + gorczycy indyjskiej w stosunku 8:2 rzędów. Gorczyca międzyplonowa dawała niższe plony i niższe pobranie składników odżywczych niż w czystym drzewostanie. Plon, parametry jakościowe i zawartość składników pokarmowych w uprawach komponentowych wykazywały tendencję wzrostową wraz ze wzrostem poziomu P. Plony ziarna i słomy roślin komponentowych istotnie wzrosły odpowiednio do 60 kg i 30 kg P/ha. Wydajność N, P i K wzrastała istotnie do najwyższego poziomu 90 kg P/ha u ciecierzycy i do 60 kg P/ha u gorczycy indyjskiej. Znacząco wzrosła również zawartość białka w ciecierzycy ciecierzycy i oleju w gorczycy indyjskiej, osiągając poziom 60 kg P/ha. Najwyższa była wydajność energetyczna i zwrot energii netto (109,69 i 96,32 MJ x 103/ha) w przypadku gorczycy indyjskiej solnej i najniższa w przypadku ciecierzycy solnej, natomiast najwyższy był stosunek wydajności energetycznej do wkładu (10,67) w przypadku ciecierzycy indyjskiej + musztardy indyjskiej w stosunku rzędowym 8:2. Przy zastosowaniu 90 kg P/ha odnotowano maksymalną wydajność energetyczną i zwrot energii netto (134,40 i 123,48 MJ x 103/ha), natomiast przy zastosowaniu 60 kg P/ha uzyskano najwyższy stosunek wydajności energetycznej do mocy wejściowej (12,62).

2.3.5Ekonomia

Najwyższy stosunek powierzchni do ekwiwalentu ziemi (LER), stosunek powierzchni do ekwiwalentu czasu (ATER), wydajność efektywna ogółem (EYT), zysk netto i stosunek korzyści do kosztów uzyskano przy stosunku rzędów 6:2. Spośród badanych poziomów fosforu 60 kg P2O5/ha uznano za najbardziej ekonomiczne. Pobór P był istotnie wyższy przy 60 kg P2O5/ha w porównaniu z 30 kg P2O5/ha. Najwyższy był również zwrot netto, tj. Rs. 22 042,90 i 20 182,04/ha odpowiednio przy stosunku rzędów 6:2 i 60 kg P2O5/ha.

Tripathi *et al.* (2005) zaobserwowali, że w uprawie międzyplonowej ciecierzycy i gorczycy indyjskiej uzyskano najwyższy współczynnik równoważności gruntów (1,19), współczynnik (2,30) zwrotu netto (Rs. 17 101/ha) oraz stosunek korzyści do kosztów (2,11). Liczba strąków na roślinę i nasion w strąku, masa 1000- nasion, plon nasion, wskaźnik ekwiwalentu ziemi i względny współczynnik uprawy wzrastały wraz ze wzrostem wskaźnika P. Stosunek zysków i korzyści do kosztów wzrastał wraz ze wzrostem wskaźnika P do 60 kg/ha.

2.4. Wpływ systemu upraw na wydajność musztardy

2.4.1. Atrybuty wzrostu

Singh *et al.* (1997) wykazali, że akumulacja suchej masy przez musztardę została zwiększona, podczas gdy akumulacja ciecierzycy została zmniejszona przez uprawę międzyplonów. Całkowite pobranie N i P było istotnie wyższe w przypadku uprawy międzyplonowej niż w przypadku uprawy pojedynczej. Zastosowanie do 80 kg N/ha i do 60 kg P2O5/ha zwiększyło pobieranie N i P przez rośliny składowe oraz przez system międzyplonowy.

2.4.2. 2.4.2. Atrybuty wydajności

Jana (1963) badała wpływ rozstawu rzędów na plon ziarna, składniki plonu i jakość uprawy gorczycy *(Brassica juncea)* w IARI w New Delhi i wskazała, że zwiększenie rozstawu rzędów do 60 cm spowodowało większą liczbę gałęzi i strąków/roślin, zwiększyło również znacznie długość strąków i liczbę nasion w strąku, ale nie odbiło się to na ostatecznym plonie ziarna, z drugiej strony wykazało spadek plonu. Zauważył on również znaczne zmniejszenie ilości oleju przy zwiększonym rozstawie rzędów.

Singh i Singh (1987) podali jednak, że liczba silikonów i plon nasion z rośliny były znacznie mniejsze przy bliższym rozstawie rzędów 30 cm (większe zagęszczenie roślin) w porównaniu z rozstawem 45 do 60 cm, co było związane z konkurencją o zasoby wzrostu. Przy rozstawie rzędów 45 cm uzyskano większy plon nasion niż 30 i 60 cm. Poprawa właściwości plonotwórczych przy większym rozstawie 60 cm nie zrekompensowała niższej liczby roślin na jednostce powierzchni. Singh i Singh (1991) zanotowali istotnie wyższy plon nasion z rośliny i 1000-kilogramową masę nasion w rozstawie rzędów 60 cm, ale odnotowali istotnie wyższy plon nasion z hektara w rozstawie rzędów 45 cm i zawartość oleju w bliższym rozstawie rzędów 30 cm w gorczycy.

2.4.3. Yield

Wyniki badań przeprowadzonych w Astanie (1973 r.), w których badano 14 odmian gorczycy *(Brassica juncea) pod* kątem ich reakcji na zmianę rozstawu rzędów, wykazały, że szerszy rozstaw rzędów wynoszący 45 cm dał o 23 procent większe plony w wąskich rzędach (35 cm). Odnosiło się to szczególnie do odmian o zwartej wysokości roślin, gdzie pokrój jest mniej krzaczasty. Badania przeprowadzone przez Patel *et al.* (1980), Vir i Verma (1981) oraz Singh (1983) wykazały podobne zalety średniego rozstawu (45 cm) nad wąskim rozstawem (30 cm) lub szerszym (60 cm).

Kaushik *i wsp.* (2001) stwierdzili, że plon nasion gorczycy był wyższy w uprawie podeszwowej niż w uprawie międzyplonowej. Spośród systemów upraw międzyplonowych gorczyca + ciecierzyca uzyskała najwyższy plon nasion gorczycy (15,54 q/ha). Najwyższy plon nasion międzyplonów (215,22 q/ha), ekwiwalent nasion gorczycy (35,25 q/ha), wskaźnik ekwiwalentu ziemi (1,16), wskaźnik ekwiwalentu dochodu (1,18) oraz zyski netto (22 443 R/ha) odnotowano dla gorczycy + ziemniaka.

Ten system uprawy międzyplonowej również wykazał najniższy procent spadku plonów (19,38).

2.4.4. 2.4.5. Pobór i jakość składników odżywczych

Chand et al. (2005) zaobserwowali, że uprawa międzyplonowa zmniejszyła liczbę gałęzi na roślinie, liczbę strąków na roślinie, liczbę nasion w strąku, masę nasion na roślinie oraz masę 1000- nasion w gramach, ale poprawiła te parametry w gorczycy indyjskiej. Wyższe wartości parametrów wzrostu i plonu uzyskano, gdy gramowo-indyjska musztarda międzyplonowa była uprawiana w proporcji 8:2 niż 6:2 rzędów. W uprawie międzyplonowej obniżono wysokość roślin w gramach. Parametry wzrostu i plonowania grama wzrastały wraz ze wzrostem dawki P do 60 kg/ha, podobną tendencję obserwowano w gorczycy indyjskiej, z wyjątkiem wysokości roślin. Uprawa międzyplonowa w proporcji 6:2 i 8:2 rzędów zmniejszyła średni plon ziarna o 35,7 i 28,3% w stosunku do jedynego grama oraz odpowiednio o 54,1 i 47,4% w stosunku do gorczycy indyjskiej. Plon nasion gorczycy indyjskiej jednogatunkowej oraz musztardy indyjskiej międzyplonowej gram+Indyjskiej w proporcji 8:2 zwiększał się wraz ze wzrostem poziomu P do 60 kg/ha, natomiast musztardy indyjskiej gram+Indyjskiej w proporcji 6:2 zwiększał się tylko do 30 kg P/ha. Gorczyca gram+Indyjska w 8:2 dostarczana z 90 kg P/ha odnotowała najwyższą wydajność równoważnika gramowego (2,720 t/ha). Zwroty netto we wszystkich systemach uprawy wzrastały wraz ze wzrostem dawki P do 60 kg/ha, następnie spadały przy wyższej dawce P. Musztarda gramowo-indyjska w stosunku 8:2 odnotowała najwyższą stopę zwrotu netto (Rs.20,143 /ha).

2.4.5. Ekonomia

Singh *et al.* (2003) zaobserwowali, że rozstaw 45 cm skutkował najwyższym plonem nasion (20,64 kwintala/ha), plonem słomy (22,59 kwintala/ha), plonem pałeczek (44,82 kwintala/ha), zyskiem netto (Rs.13 581/ha) oraz stosunkiem kosztów do korzyści (0,94) w badaniu dotyczącym wpływu rozstawu rzędów (30, 45 lub 60 cm) na plon gorczycy indyjskiej cv. Basanti. N stosowano w czasie siewu (50%) i po pierwszym nawadnianiu (50%).

2.5. Wpływ praktyk irygacyjnych na musztardę

2.5.1. Atrybuty wzrostu

Tomar *i wsp.* (1992) w badaniu nad wpływem nawadniania i poziomu płodności na wzrost, plon i jakość gorczycy (*Brassica juncea)* stwierdzili znaczący wzrost wzrostu, cech plonu i wydajności przy wzroście poziomu nawadniania i NPK. Liczba rozgałęzień, akumulacja suchej masy/rośliny i plon nasion były maksymalne przy 120:60:60 kg N: P2O5 : K2O/ha przy dwóch nawadnianiach, natomiast zawartość oleju była najwyższa przy braku nawadniania i nawożenia.

2.5.2. 2.5.2. Atrybuty wydajności

Bandopadhyay and Bose (2004) zauważył, że rosnący poziom nawadniania stopniowo zwiększał zawartość oleju. Nie stwierdzono istotnych różnic w tempie wzrostu plonów spowodowanych zwiększeniem poziomu nawadniania, z wyjątkiem 45-60 dni po siewie. Najwyższe tempo wzrostu plonów stwierdzono po zastosowaniu trzech nawodnień oraz przy stężeniu 80 kg P/ha w 45-60 dniach po siewie. Na wszystkich poziomach nawadniania fosfor istotnie zwiększał plon nasion nad kontrolą, z wyjątkiem podwójnego nawadniania +80 kg P/ha kombinacji zabiegów.

Mandal *et al.* (2006) ujawnili, że kombinacje zabiegów I180 x F100M10, I120 x F100M10 i I180 x F100 utrzymywały znacznie wyższy wskaźnik powierzchni liści (LAI), naziemnej masy suchej (DM), ET, plonu nasion i biomasy rośliny niż inne kombinacje. Czas trwania LAI >=2,5 był większy w F100 i F100M10 niż w F0. Pod I120, LAI pozostał >=2,5 przez 8 i 22 dni odpowiednio w F100 i F100M10. Ten czas trwania powierzchni liści wzrósł do 28 i 39 dni w odpowiednich zabiegach odżywczych pod I180. Długość, masa i gęstość objętości korzeni były istotnie większe w I180 niż w I120 i I60, a w F100M10 niż w F100 i F0. Dla danego reżimu nawadniania ET wzrosła istotnie w F100 i F100M10 w porównaniu z F0. Maksymalny plon nasion wynoszący 1736 kg ha-1 odnotowano w I180 x F100M10, a plony nasion w I120 x F100M10 (1440 kg ha-1) i I180 x F100 (1431 kg ha-1) nie różniły się istotnie w stosunku do F100 i F0. Nasiona WUE i biomasa WUE zmniejszały się wraz ze wzrostem ilości wody nawadniającej. Wręcz przeciwnie, te parametry WUE wzrosły w F100 i F100M10 w porównaniu z F0. Relacje regresji gęstości długości korzeni na ET oraz plonu (zarówno nasion, jak i biomasy) na ET można opisać liniowo. Najlepszą kombinacją jest więc I180 x F100M10, a ponieważ reakcja upraw na I120 x F100M10 i I180 x F100 była podobna, w niniejszych badaniach stwierdzono, że stosowanie obornika organicznego wraz ze 100% nawozami NPK mogłoby zmniejszyć zapotrzebowanie na jedno nawadnianie pozasiewowe bez uszczerbku dla plonu tej rośliny przy nawadnianiu niedoborowym.

2.5.3. Yield

Piri, *et al.* (2006) zauważyli, że plon nasion gorczycy wzrastał znacząco wraz ze wzrostem poziomu nawadniania. Efektywność wykorzystania wody była najwyższa w przypadku uprawy w dniach 9-16 października, a po tym terminie wysiewu WUE systematycznie malała. WUE roślin uprawianych w warunkach nawadnianych było zawsze wyższe od tych uprawianych w warunkach deszczowych. Zależności między WUE a SDD były negatywne i istotne. Plon tych roślin był ściśle związany z SDD.

Sharma *et al.* (2005) w swoich badaniach ujawnili, że nawadnianie spowodowało znaczny wzrost plonu ziarna i pieca zarówno gorczycy jak i siemienia lnianego nad kontrolą. Dwa nawadniania w 30 i 60 DAS wykazały wyższy plon ziarna zarówno gorczycy, jak i siemienia lnianego, równoważnik plonu ziarna gorczycy oraz stosunek korzyści do kosztów (B:C), podczas gdy LER zmniejszył się znacznie wraz ze wzrostem nawadniania.

Singh *et al.* (2003) w badaniach mających na celu ustalenie optymalnego schematu nawadniania dla grama (*Cicer arietinum* cv. Pusa 256) + gorczycy indyjskiej (*Brassica juncea* cv. Pusa Jaikisan) w systemie międzyplonowym zauważyli, że nawadnianie przy stosunku wody nawadniającej do skumulowanego odparowania patelni (IW:CPE) wynoszącym 0,2 grama i stosunku IW:CPE w gorczycy indyjskiej było optymalne dla plonu nasion. Nawadnianie w gramach przy stosunku 0,4 IW:CPE spowodowało zmniejszenie plonu nasion o 31,6% w porównaniu z 0,2 IW:CPE. Plon gorczycy indyjskiej w systemach międzyplonowych w gramach + gorczyca indyjska zależał od rzędowych proporcji upraw komponentowych. Plon równoważnika gramowego (GEY) był najwyższy w gorczycy indyjskiej (3,04 tony/ha) i przy nawadnianiu w stosunku 0,2 IW:CPE (2,42 tony/ha). Przy bliższych proporcjach rzędów (2:1 i 3:1) grama i systemie międzyplonowym gorczycy indyjskiej nawadnianie przy stosunku 0,4 IW:CPE dawało wyższe plony równoważnika gramowego (2,88 i 2,744 t/ha), natomiast przy szerszych proporcjach rzędów (4:1 i 6:1) nawadnianie przy stosunku 0,2 IW:CPE dawało wyższe plony równoważnika gramowego (2,41 i 2,33 t/ha). Wydajność zużycia wody (kg/ha-mm) była najwyższa w przypadku gorczycy indyjskiej (12,66) i upraw nienawadnianych (11,7).

2.5.4. 2.5.4. Pobieranie i jakość składników odżywczych

Ghadge *et al.* (2005) odnotowali najwyższą zawartość S, P i N w nasionach i słomie. Po zbiorach zawartość S, N i P w glebie była najwyższa, przy 3 nawadnianiach zastosowanych w fazie przedsiewnej oraz w fazie kwitnienia i napełniania ziarna (odpowiednio 55 i 70 dni po siewie).

2.5.5. Ekonomia

W doświadczeniu polowym przeprowadzonym przez Singh *et.al.* (2006) w celu oceny potencjału produkcyjnego ciecierzycy w odniesieniu do międzyplonów raya w różnych wzorach sadzenia i orientacji rzędowej w warunkach deszczowych stwierdzono, że wszystkie systemy międzyplonów oparte na ciecierzycy dawały wyższy plon równoważny ciecierzycy (CEY) w porównaniu z uprawami pojedynczymi. Wysiew ciecierzycy w kierunku północ-południe odnotował 10,2% wyższy średni plon nasion niż wysiew w kierunku wschód-zachód. Uprawa międzyplonów ciecierzycy w odległości 3,0-3,5 m od siebie dawała najwyższy średni plon równoważnika plonu, zyski netto i stosunek korzyści do kosztów w porównaniu z innymi zabiegami. Nie stwierdzono istotnego wpływu na zużycie wody w różnych schematach wysiewu, jednak było ono wyższe w kierunku północ-południe rzędu. Uzyskane wyniki wskazują również na wpływ wielkości i rozkładu opadów, szczególnie w warunkach opadowych.

2.6. Wpływ żywienia N, P i S na musztardę

Musztarda, wykazuje pozytywną reakcję na aplikację nawozu azotowego. Wzrost rośliny jest bardzo często ograniczony przez niedobór azotu. Jednocześnie wysokie dawki odpowiadają za nadmierny wzrost wegetatywny i prowadzą do zmniejszenia zawartości oleju w nasionach. Badania związane z wpływem azotu na uprawę gorczycy zostały szczegółowo przeanalizowane.

2.6.1. Atrybuty wzrostu

Praca Allana i Morgana (1972) wykazała, że produkcja suchej masy na roślinę znacznie wzrosła dzięki nawożeniu azotem.

Wpływ zastosowania N był dobrze zaznaczony, ponieważ liczba gałęzi na roślinę wzrastała wraz ze wzrostem dawek N (Allen i Morgan, 1972). Ali *i in.* (1976) stwierdzili, że sucha masa roślin zwiększyła się istotnie wraz ze wzrostem dawki N do 78,5 kg na hektar. Ali i wsp. *(1976) stwierdzili, że liczba gałęzi wzrastała wraz z kolejnymi dawkami N wynoszącymi* 39,25 i 78,5 kg na hektar. Wzrost liczby rozgałęzień na jednej roślinie był znaczny, do 120 kg N na hektar, jak stwierdzili Bhan i Singh (1978). Według Bishnoi i Singh (1979), akumulacja suchej masy na roślinę znacznie wzrosła wraz ze wzrostem poziomu N.

Wyraźny wpływ N na gałęzie wtórne zaobserwowali jednak Vidyapatiroy *i wsp.* (1981). Badania przeprowadzone przez Chaiara i Damor (1982) wykazały zauważalny wzrost liczby gałęzi pierwotnych i wtórnych przy zastosowaniu N do 75 kg na hektar. Mohan i Sharma (1992) potwierdziły ten pogląd.

Znaczący wzrost liczby oddziałów został odnotowany przez Mondala i Gaffera (1983). Maksymalną produkcję suchej masy uzyskano przy zastosowaniu 90 kg N na hektar (Antil *et al.* , 1986). Jednak Samui i in. (1986) postulowali, że produkcja suchej masy rosła wraz ze wzrostem poziomu azotu do 100 kg N na hektar w latach 1979-80 i do 150 kg N na hektar w latach 1980-81. Przyrost akumulacji suchej masy na roślinę przy wzrastającym poziomie azotu zaobserwowali również Mudholkar i Ahlawat (1981) oraz Upasani i Sharma (1986). Znaczący wzrost akumulacji suchej masy roślin do 75 kg N na hektar zaobserwowali Mohan i Sharma (1992). Dubey i Khan (1993a) odnotowały znaczny wzrost roślin o masie suchej, przy kolejnych dawkach N do 90 kg na hektar. Khanpara *i in. (*1993a) odnotowali znaczący wzrost suchej masy na roślinę przy 60 kg N na hektar.

Wzrost liczby gałęzi zaobserwowano do 90 kg N na hektar przez Kumar *i in.* (1988) i Bharadwaj (1991), gdzie ograniczono się tylko do 40 kg na hektar (Gangasaran i Giri, 1990). Joshi *i in.* (1991a) odnotowali znaczny wzrost ilości odgałęzień pierwotnych do 45 kg na hektar, natomiast odgałęzienia wtórne zostały znacząco zwiększone do 60 kg N na hektar, przy każdej kolejnej dawce azotu.

Khanpara *i in.* (1993a) stwierdzili, że zarówno pierwotne, jak i wtórne gałęzie zostały znacząco zwiększone do 60 kg N na hektar po dwóch latach doświadczeń. Zaobserwował również wzrost wysokości roślin, liczby gałązek pierwotnych i silikonów/roślin, nasion/ślimaków oraz masy badanej z poziomem.

Sharma (1994) podsumował swoje ustalenia dotyczące reakcji indyjskiej musztardy (*Brassica juncea)* na różne schematy nawadniania, poziomy azotu i siarki, że każdy kolejny wzrost poziomu N od 0 do 80 kg/ha znacznie zwiększał znaki wzrostu, cechy plonu, plony nasion i pieca oraz dochód netto/ha. Dwuletnie doświadczenie polowe zostało przeprowadzone przez Tomar *et al.* (1997) na reakcji gorczycy indyjskiej (*Brassica juncea)* na nawożenie azotem, fosforem i siarką. Zaobserwowano, że cechy wzrostu (wysokość roślin, rozgałęzienia/rośliny, akumulacja suchej masy/rośliny) oraz plon nasion i słomy/ha wzrastały istotnie wraz ze wzrostem poziomu N, P i S odpowiednio do 180, 80 i 80 kg/ha. Zawartość oleju zmniejszała się wraz ze wzrostem poziomu N i P, natomiast zwiększała się wraz ze wzrostem poziomu S.

W badaniach nad gorczycą indyjską (*Brassica juncea*) w rejonie dowodzenia Harsi, Gurjar i Chauhan (1997) stwierdzono, że każdy kolejny wzrost poziomu płodności do 100 kg N + 66,4 kg P istotnie zwiększał wysokość, zawartość azotu w liściach, pierwotne i wtórne gałęzie na roślinę.

Liao *i wsp.* (1998) stwierdzili, że stężenie N i K roślin wzrastało wraz z tempem wzrostu, podczas gdy stężenie P wzrastało we wczesnych fazach wzrostu, a spadało w późniejszych. W badaniach nad odżywianiem mineralnym w mieszańcu rzepaku *(Brassica napus) w* różnych dawkach N, Patil i Shelke (1999) podali, że charakterystyka wzrostu musztardy została zwiększona przez FYM przy 5t/ha. Parametry te zostały również istotnie zwiększone poprzez zwiększenie zawartości fosforanów do 120 kg P2O5/ha.

Prakash *i in.* (2000) stwierdzili, że akumulacja biomasy była istotnie większa przy 120 kg N/ha przy 60 DAS i 80 kg N/ha przy zbiorze. Nanwal *i wsp. (2000*), w swoich badaniach nad reakcją odmian gorczycy indyjskiej (*Brassica juncea)* na azot i *Azotobacter* w warunkach zachowywania wilgotności zaobserwowali wzrost wzrostu, plonu nasion i zawartości oleju przy wzrastającej dawce N. Prakash *et al.* (2000) stwierdzili, że akumulacja biomasy była istotnie większa przy 120 kg N/ha przy 60 DAS i 80 kg N/ha przy zbiorze. Nanwal *et al. (2000*), w badaniach nad reakcją odmian gorczycy indyjskiej (*Brassica juncea)* na azot i *Azotobacter* w warunkach zachowywania wilgotności, zaobserwował wzrost wzrostu, plonu nasion i zawartości oleju wraz ze wzrostem dawki N.

Sumeriya *i wsp.* (2000) zaobserwowali w badaniu oceniającym wpływ fosforu, granulatu trikontołu i promotorów wzrostu na produktywność gorczycy (*Brassica juncea (L.)* czern i kozłka), że stosowanie nawozów fosforowych przy 60 kg/ha i triacontanolu. Granulki przy 30 kg/ha istotnie zwiększyły parametry wzrostu i cechy plonotwórcze musztardy. Największą liczbę silikonów z jednej rośliny, nasion z silikonów i plon strąków (odpowiednio 342,5, 15,26 i 14,07 q/ha) uzyskano przy 60 kg P.

Bhari *et al.* (2000) zakończyli swoje trzyletnie doświadczenie dotyczące reakcji gorczycy indyjskiej *(Brassica juncea*) na azot i fosfor na Torripsamments w północno-zachodniej części Radżastanu, że stosowanie azotu do 120 kg/ha i fosforu do 45 kg/ha spowodowało znaczny wzrost wysokości roślin, gałęzi pierwotnych i wtórnych oraz krzemianów na roślinę. Zaobserwowano także, że zwiększona podaż P do 45 kg P2O5/ha, zapotrzebowanie na N wzrosło do 120 kg/ha dla istotnie wyższego plonu nasion (17,05 q/ha) niezależnie od aplikacji P, plon nasion wzrósł do 120 kg N/ha.

W doświadczeniu polowym przeprowadzonym w Jobner, Radżastanie przez Jat *i in.* (2000) oceniono wpływ różnych poziomów płodności na wzrost i plon gorczycy (*Brassica juncea*, L. Czern i Coss) i stwierdzono, że zastosowanie 10t FYM + 30 kg N +20 kg P2O5/ha istotnie zwiększyło wysokość roślin, akumulację suchej masy, liczbę pędów pierwotnych i wtórnych, liczbę silikonów/roślin, liczbę nasion/siliqua oraz plon nasion nad kontrolą. Aplikacja FYM, N i P nie wpłynęła na wskaźnik zbioru.

Dwuletnie doświadczenie polowe zostało przeprowadzone w warunkach deszczowych w Rajouri w celu zbadania reakcji musztardy jadalnej (*Brassica juncea*) na siarkę i fosfor na Inceptisol w środkowo-pagórkowatej strefie pośredniej Jammu i Kaszmiru przez Sharmę i Jalali (2001). Rathod *et al.* (2001) w badaniach nad fizjologiczną reakcją gorczycy na różne poziomy nawozów w warunkach nawadniania stwierdzili, że poziomy płodności 60:50 kg N i P2O5/ha istotnie zwiększyły wysokość roślin, liczbę liści i pierwotnych rozgałęzień/roślin, produkcję suchej masy ogółem, powierzchnię liści i plon nasion.

Rana i Pachauri (2002) poinformowali, że azot miał korzystny wpływ na wzrost i cechy plonu, plon nasion, plon oleju i plon biologiczny. Zaobserwowali również, że wpływ azotu na te parametry był do najwyższego poziomu.

Meena i Gupta (2002) przeprowadzili badania nad wpływem fosforu i siarki na wzrost, plon i jakość gorczycy indyjskiej (*Brassica juncea).* Stwierdzili, że zastosowanie 40 kg P istotnie zwiększyło wysokość roślin i gałęzi wtórnych przy zbiorze na niższych poziomach (0 i 20 kg/ha), natomiast powierzchnia liści istotnie wzrosła do 60 kg P2O5/ha. Stwierdzono także, że zwiększona ilość fosforu do 60 kg/ha istotnie zwiększyła suchą masę/roślinę, plon nasion i oleju w mniejszych dawkach.

Wpływ systemów uprawowych (jedyna musztarda indyjska, musztarda indyjska + *C. arietinum* cv. KPG-59 w stosunku 2:6 lub 2:8, oraz jedyna C. *arietinum*) i stawek P (0, 30, 60 i 90 kg/ha przez pojedynczy superfosforan) na wydajność musztardy indyjskiej (cv. RK-8501) badano w Kanpur, w Tripathi *et al.* (2005). Uprawa międzyplonowa istotnie poprawiła cechy wzrostu i plonowania (liczba gałęzi na roślinie, liczba krzemianów na roślinie, masa nasion na roślinie) gorczycy indyjskiej w stosunku do uprawy pojedynczej. Ogólnie rzecz biorąc, najwyższe wartości tych parametrów uzyskano przy stosunku sadzenia 2:8. Uprawa międzyplonowa zwiększyła średni plon nasion z rzędu, ale zmniejszyła plon nasion z hektara, zwłaszcza w stosunku 2:8. Parametry wzrostu i plonowania wzrastały wraz ze wzrostem dawki P do 90 kg/ha, choć wzrost powyżej 60 kg P/ha nie był istotny w większości systemów uprawowych. P przy

30 i 60 kg/ha były na równi pod względem liczby gałęzi trzeciorzędowych na roślinę, liczby krzemianów w pędach głównych oraz liczby gałęzi głównych w latach 1999-2000, a także liczby gałęzi drugorzędowych w latach 1998-99. Liczba nasion na silikonie w pędach głównych i gałęziach trzeciorzędowych była podobna poniżej 30 i 90 kg P/ha w obu latach P przy 90 kg/ha, co zwiększyło średni plon nasion odpowiednio o 27,9 i 6,5% w stosunku do kontroli i 30 kg P/ha. Gorczyca indyjska najbardziej reagowała na P w uprawie międzyplonowej w stosunku 2:6.

Yadav *i wsp.* (2005) uzyskali najwyższe plony nasion w wysokości 24,51 i 21,25 q/ha przy aplikacji zasadowej 66 kg P/ha (przez DAP) i 30 kg S (przez 1/2 gipsu+1/2 elementarny S), które dorównywały plonom 23,86 i 21,11 q/ha uzyskanym przy aplikacji zasadowej 66 kg P/ha i 30 kg S/ha przez nowy multiskładnik, produkt Cargilla, odpowiednio w latach 2001-2002 i 2002-2003. W podobny sposób reagowały również cechy wzrostu i wydajności. Stąd też oba źródła P i S były równie efektywne pod względem parametrów plonowania i wydajności.

Sharma *i wsp.* (2005) zaobserwowali, że zastosowanie S znacznie zwiększyło liczbę gałązek głównych, liczbę krzemionek na roślinę, długość krzemionki oraz masę 1000- nasion. Optymalny plon nasion (14,9 kwintala/ha) uzyskano po zastosowaniu 65,0 kg S/ha. Aplikacja S zwiększała także plon suchej masy ogółem i pieca. Aplikacja S do 97,5 kg/ha zwiększyła pobieranie S przez nasiona. Zawartość oleju w nasionach zwiększyła się do 32,5 kg S/ha. Średnia wartość odzysku po dodaniu S wahała się od 13,8 do 21,6% skuteczności wykorzystania S była wyższa przy niższej dawce S.

Bhat *i wsp.* (2006) podali, że zastosowanie 100 kg N + 50 kg P/ha znacznie poprawiło wszystkie mierzone parametry w porównaniu z innymi zabiegami. Wyższe dawki nawozu powodowały również istotny wzrost liczby silikonów na roślinie, długości silikonów i liczby nasion na silikonie, co w konsekwencji powodowało wyraźny wzrost wskaźnika plonu i plonu nasion obu odmian. Aplikacja 100 kg N + 50 kg P/ha spowodowała także ogólny wzrost zawartości N, P i K w liściu oraz zawartości białka w nasionach. Zawartość oleju zmniejszała się wraz ze wzrostem dawek N i P, choć stopień spadku zawartości oleju z nasion był mniejszy niż wzrost plonu nasion, a tym samym łączna produkcja oleju jadalnego była nadal większa przy wyższych dawkach nawozu w porównaniu z normalnymi zalecanymi dawkami nawozu.

Singh i Sinsinwar (2006) zauważyli, że liczba gałązek, waga 1000-ciu nasion i zawartość oleju w gorczycy indyjskiej oraz plony nasion i słomy znacznie wzrosły wraz z zastosowaniem obornika w gospodarstwie rolnym przy 5 t/ha + *Azotobacter chroococcum* nad kontrolą. Zastosowanie azotu powodowało liniowy wzrost wyżej wymienionych parametrów do 80 kg/ha.

2.6.2. 2.6.2. Atrybuty wydajności

Wyniki badań Allana i Morgana (1972), Singh'a i Sharmy (1982); Mondal'a i Gaffer'a (1983) wykazały, że nawożenie azotem istotnie poprawiło cechy plonu tj. liczbę silikonów i masę nasion z rośliny oraz masę testową. W glebach aluwialnych Varanasi (U.P.) i Gwalior (M.P.) cechy plonu uległy poprawie do 60 kg N/ha, jak donosiły odpowiednio Reddy (1985) i Bharadwaj (1991). Odpowiedź cech plonu o tej samej wielkości N została potwierdzona przez Tomara i Misrę (1991) oraz Khanpara *i in.* (1993) w gliniastej glebie ilastej. Oprócz powyższych atrybutów, Prasad i Eshanullah (1988) zidentyfikowały znaczny wzrost długości krzemianów o tym samym poziomie N w glebie piaszczysto-gliniastej.

Gdy aplikacja azotu była połączona z sadzeniem roślin, wyniki uległy zmianie (AICRPO, 1983-84). Wyższy plon ziarna gorczycy uzyskano przy wysiewie 30 x 15 cm i pełnej dawce N w czasie siewu.

Reddy i Sinha (1987) wykazały, że cechy plonu, takie jak liczba krzemianów i plon/rośliny zostały zwiększone tylko do 40 kg/ha. Z tego samego miejsca, Swamy i Bajaj (1988) odnotowały odpowiedź w atrybutach plonu do 100 kg N/ha w stanie nawodnionym, ale Gangasaran i Giri (1988) nie stwierdzili istotnej różnicy między 40 a 80 kg N/ha. Ci sami autorzy w 1990 roku stwierdzili, że w warunkach deszczowych liczba strąków wzrosła o 59,9% przy 40 kg N/ha w warunkach kontrolnych, ale nie powyżej tego poziomu. Natomiast nasiona w przeliczeniu na silikon i masę 1000 nasion uległy poprawie, a ich długość pozostała bez zmian lub wzrosła umiarkowanie jedynie na najwyższym poziomie N, tj. 80 kg/ha.

Badania przeprowadzone przez Swamy'ego i Bajajaj (1988) na glebach piaszczysto-gliniastych IARI w New Delhi wykazały, że właściwości plonowania, takie jak liczba krzemianów i plon/roślina, wzrosły tylko do 40 kg/ha i odnotowały odpowiedź w zakresie właściwości plonowania do 100 kg N/ha w stanie nawodnionym, ale Gangasaran i Giri (1988) nie znaleźli żadnej znaczącej różnicy między 40 a 80 kg N/ha. Ci sami autorzy w 1990 r. stwierdzili, że w warunkach deszczowych liczba strąków wzrosła o 59,9 procent przy 40 kg N/ha w warunkach kontrolnych, ale nie powyżej tego poziomu. Natomiast nasiona na silikon i masa 1000 nasion uległy poprawie, a ich długość pozostała bez zmian lub wzrosła umiarkowanie tylko na najwyższym poziomie N, tj. 80 kg/ha.

Chauhan *i wsp.* (1988) nie odnotowali jednak znaczącej odpowiedzi w długości silikonów i nasionach/siliquae oraz w masie testowej na poziomie N, tj. 30, 60 i 90 kg/ha, natomiast znaczącą odpowiedź stwierdzono w silikonach na roślinę i plonie nasion na roślinę do 60 kg/ha.

Chociaż Singh i Dixit (1989) zaobserwowali wzrost cech plonu do 120 kg, Bharadwaj (1990) znalazł odpowiedź tylko do 90 kg N/ha. Choudhary i Bose (1986) uzyskali wzrost siliquae na roślinę i nasiona siliquae do 50 kg i masę nasion do 75 kg ha. Stwierdzono, że przyrostowe dawki 30 kg N/ha powodowały wzrost silikonów na roślinę, plonów nasion na roślinę w niższych dawkach do 60 kg i masy nasion do 90 kg/ha. Poziom azotu nie wpłynął na masę 1000-siodłanów (Kumar *i in.* 1988). Podobnie Joshi *i wsp.* (1991), że siliquae na roślinę, nasiona na siliquae miały istotny wpływ na stosowanie N odpowiednio do 60 kg/ha i 45 kg/ha, a masa 1000-siąca nasion nie była znacząca. Singh i Singh (1991) stwierdzili jednak istotny wzrost plonu nasion w przeliczeniu na sylwetkę i masę 1000-ciu nasion w wyniku zastosowania N do 120 kg/ha. Z drugiej strony, nie stwierdzono istotnego wpływu na masę 1000-siatek i liczbę nasion z silikonów u Mudholkara i Ahlawata (1981), Vidyapatroya (1981) oraz Rathore'a i Manohara (1989 i 1990).

Chociaż Singh i Dixit (1989) zaobserwowali wzrost cech plonu do 120 kg, Bharadwaj (1990) znalazł odpowiedź tylko do 90 kg N/ha. Chowdhary i Bose (1986) uzyskali wzrost siliquae na roślinę i nasiona siliquae do 50 kg i masę nasion do 75 kg ha. Donoszono, że przyrostowe dawki 30 kg N/ha zwiększyły silikony z jednej rośliny i plon nasion z jednej rośliny w stosunku do niższych dawek do 60 kg, a nasiona silikonów do 90 kg/ha. Poziom azotu nie miał wpływu na masę 1000-siodłanów (Kumar *i in.* 1988). Podobnie Joshi i wsp. (1991a) stwierdzili, że dawki N do 60 kg/ha i 45 kg/ha istotnie wpływały na silikony, a masa 1000-siąca nasion nie była znacząca. Singh i Singh (1991) stwierdzili jednak istotny wzrost plonu nasion z rośliny i masy 1000- nasion w wyniku zastosowania N do 120 kg/ha.

Azot do 75 kg/ha nie zwiększył masy 1000-siodłanów, ale dalszy wzrost poziomu 100 kg/ha znacznie ją zmniejszył. Stwierdzono, że siliquae na roślinę, długość siliquae i nasiona na siliquae były istotnie zwiększone do 75 kg/ha, eksperyment z jednym nawadnianiem przy 30 DAS w Satour, Bihar (Mohan i Sharma, 1992).

Na podstawie różnych przeprowadzonych badań można zauważyć ogólną tendencję wzrostu cech plonu, takich jak liczba krzemianów na roślinie, masa nasion na roślinie i masa nasion na roślinie, przy zastosowaniu N. Ale nie ma jasnego obrazu sytuacji, który można by zobaczyć na podstawie wyników dotyczących masy 1000-ciu nasion, liczby nasion w silikonach i długości silikonów z powodu stosowania azotu.

Dwuletnie badanie wpływu siarki i azotu na właściwości plonowania i plon nasion gorczycy indyjskiej (*Brassica juncea*) na vertisol zostało przeprowadzone przez Khanpara *et al.* (1993), które wykazało, że N @60 kg/ha znacznie poprawiło parametry plonowania, tj. siliquae z rośliny, plon nasion z rośliny i masę 1000 nasion w obu latach. Thakur (1999), w swoich badaniach nad odpowiedzią obiecujących odmian gorczycy indyjskiej (*Brassica juncea*) na azot i rozstaw pod pagórkami, w warunkach opadowych Himachal Pradesh zaobserwował istotny wzrost wszystkich cech plonu i wydajność do 60 kg N/ha. Omawiając wpływ poziomu azotu i rozstawu rzędów na wzrost i plon deszczowej gorczycy indyjskiej (Brassica *juncea*) Sahoo *et al.* (2000), w doświadczeniu dotyczącym wpływu reżimów rozstawu i poziomu azotu na plon i jakość odmian gorczycy, zaobserwowano, że wzrost dawki N z 25-75 kg/ha zmniejszył zawartość oleju, ale zwiększył jego plon. Natomiast zarówno zawartość białka, jak i plon białka wzrastały istotnie wraz z wyższymi dawkami N. W doświadczeniu tym stwierdzono, że wzrost dawki N od 25-75 kg/ha zmniejszał zawartość białka, ale zwiększał plon oleju.

Dubey i Khan (1993) poinformowali, że azot do 90 kg/ha znacznie zwiększył plon nasion i oleju. Stwierdzili oni również, że N miał negatywny wpływ na zawartość oleju. Kakati i Kalita (1996 r.) zauważyli w swoim dochodzeniu, że wszystkie cechy plonu i wydajność wzrosły wraz ze wzrostem poziomu N ponad poziom N. Jednakże zawartość oleju w nasionach uległa zmniejszeniu. Zaobserwowano znaczącą reakcję do 75 kg N/ha.

Narang *i wsp.* (1993) wykazali, że najwyższy plon nasion, wynoszący odpowiednio 16,9 i 14,0 q/ha w 1987 i 1988 r., uzyskano przy 60 kg P/ha, czyli istotnie więcej niż 20 i 0 kg P/ha. Zawartość oleju i białka w torii wzrosła istotnie do 40 kg P/ha w obu latach.

Arthamwar (1996) stwierdził, że każdy wyższy poziom N istotnie poprawił wszystkie cechy plonu i plon nasion w nasionach z powodu poziomu N od 0 do 100 kg/ha. Podobnie każdy wzrost poziomu fosforu istotnie poprawiał wszystkie cechy plonowania, zawartość oleju w nasionach i plon oleju z gorczycy indyjskiej. Najwyższy plon odnotowano jednak przy 100 kg N przy 80 kg P2O5. Pobór N i P również wzrastał wraz ze wzrostem dawki N i P. Sadhu *et al.* (1997) zaobserwowali, że każdy kolejny wzrost poziomu nawozu z kontroli istotnie zwiększał wzrost; cechy plonu i plony gorczycy indyjskiej do zalecanej dawki, ale zmniejszał zawartość oleju w nasionach. Obornik z FYM również istotnie zwiększał właściwości plonotwórcze i plon gorczycy.

Sugawe *et al.* (1996) stwierdzili, że zastosowanie 120 kg N dało najwyższą wydajność oleju (0,78 t/ha) i zawartość białka z nasion (21,35%). Dubey i Khan (1993) stwierdzili, że N do 90 kg/ha i S do 30 kg/ha istotnie zwiększały plony nasion i oleju, ale N miał negatywny wpływ na zawartość oleju. Charjan (2000) w swoim badaniu dotyczącym odpowiedzi gorczycy indyjskiej na schematy nawadniania w warunkach zróżnicowanych poziomów azotu i siarki zauważył, że plon nasion wynosi 0,92 t/ha i wynosi 60 kg N/ha.

Wzrost poziomu N zmniejszał zawartość oleju, natomiast zastosowanie S zwiększało zawartość oleju. Prawie taki sam wynik podał Sharma *et al.* (1997), który również stwierdził, że plon nasion wzrósł do 60 kg N/ha. Zastosowanie N zmniejszyło zawartość oleju z nasion i zwiększyło zawartość białka w nasionach. Deekshitulu *et al.* *(*1998), w badaniach nad wpływem azotu i siarki na plon nasion, zawartość oleju i plon oleju gorczycy indyjskiej stwierdzili, że plon nasion i oleju zwiększał się wraz ze wzrostem dawki N i S. Deekshitulu i Subbaiah (1997) podali, że liczba krzemionek/roślin, masa 1000- nasion i pobór N z nasion znacznie wzrosły do 100 kg/ha. Najwyższe plony nasion uzyskiwano przy wyższych dawkach N (150 kg/ha) i S (50 kg/ha).

Kumar *i wsp.* (1997) podsumowali swoje badania nad związkiem między wskaźnikiem powierzchni liści a przechwytywaniem promieniowania słonecznego i plonem gorczycy indyjskiej *(Brassica juncea) pod* wpływem populacji roślin i azotu oraz wskazali, że maksymalny LAI, SRI i sucha masa zostały uzyskane przy 150 kg N/ha.

Jaggi i Sharma (1997) stwierdzili, że musztarda indyjska zareagowała do 26,2 kg/ha zarówno w przypadku plonów nasion, jak i słomy. Maksymalne plony nasion (21,5 q/ha) i słomy (69,0 q/ha) uzyskano z kombinacji zabiegów P 26,2 + S 90 kg/ha. Pobór S i P przez nasiona i słomę oraz nasiona i słomę istotnie wzrósł do 30 kg S/ha i 26,2 kg P/ha.

W doświadczeniu polowym przeprowadzonym przez Velichka *i in.* (1998) w Ludhianie w latach 1991-1995 stwierdzono najwyższe plony nasion rzepaku (2,85 t/ha, wzrost o 1,69 t/ha w stosunku do kontroli) przy 180 kg N. Zawartość oleju zmniejszyła się o 2,84%, natomiast białka surowego o 1,97% ze względu na 180 kg N/ha. Prakash *i wsp.* (1999) testowali dawki azotu na trzech gatunkach *Brassica*, które wykazywały kwadratową reakcję w *Brassica juncea* i stwierdzono istotną reakcję do 80 kg N/ha.

Singh *et al.* (1998) stwierdzili, że pobór N, P2O5 i K2O w nasionach i łodygach znacznie wzrósł wraz ze wzrostem dawki N z braku azotu do 80 kg N/ha. Maksymalne zużycie wody i zyski netto odnotowano również przy 80 kg N/ha. Plon nasion zwiększał się wraz ze wzrostem dawki N z bezazotowego do 80 kg N/ha. Stwierdzono również maksymalną wydajność zużycia wody i zwrot netto przy 80 kg N/ha. Plon nasion zwiększał się wraz ze wzrostem dawki N i nie wpływał na jego wielkość. .

Singh i Singh (1998) zakończyli dochodzenie w sprawie wydajności musztardy indyjskiej *(Brassica juncea)* karmionej deszczem na różnych poziomach azotu i poinformowali, że rosnący poziom N znacznie zwiększył plon nasion, wydajność wykorzystania wody, zawartość i wydajność oleju, jak również zawartość i pobór składników odżywczych. W doświadczeniu polowym dotyczącym wpływu poziomu nawadniania, azotu i jalashakti na wzrost i plon gorczycy indyjskiej *(Brassica juncea)*. Padmani *i wsp.* (1994) stwierdzili, że plony nasion i pieca musztardy indyjskiej oraz wskaźnik powierzchni liści, tempo asymilacji netto i tempo wzrostu upraw wzrastały wraz ze wzrostem poziomu nawadniania i azotu.

Badania przeprowadzone w Australii Zachodniej w celu porównania odpowiedzi roślin strączkowych, pszenicy i rzepaku na aplikację fosforanu siarki przez Bollarda i Siddique'a (1999) wykazały, że rzepak i pszenica dają bardzo duże plony w odpowiedzi na wzrastającą aplikację obecnego P. Doświadczenie polowe przeprowadzone w IARI, New Delhi przez Garnayak *i in.* (2000) wykazało, że aplikacja N istotnie zwiększyła biomasę do 120 kg/ha, ale cechy plonu, plon nasion i oleju oraz pobór składników pokarmowych zostały zwiększone tylko do 80 kg/ha. Ilość oleju w nasionach zmniejszyła się w wyniku zastosowania N do 40 kg/ha. Reakcja na zastosowany N była kwadratowa w przypadku *Brassica juncea,* ale liniowa w przypadku *Brassica carinata.* Padmani *i wsp.* (1992) stwierdzili, że wpływ nawadniania i azotu na plon i właściwości plonotwórcze gorczycy (*Brassica juncea*) był dodatni do 60 kg N/ha.

Patel (1999), w swoim badaniu dotyczącym wpływu nawadniania i azotu na gorczycę odnotował plon nasion wynoszący 0,43, 0,73, 0,95 i 1,21 t/ha, odpowiednio 0, 20, 40 i 60 kg/ha. Fenologia i fizjologia genotypów *Brassica* z poziomem azotu na aridiołach była badana przez Kumar *i wsp.* (1999) w sezonie zimowym 1992-93 i 1993-94 w Hisar.

Wyniki wykazały, że rozwój fenologiczny był opóźniony przez zwiększenie dawki N, a LAI przez zwiększenie tempa wzrostu i plonu nasion u odmian *Brassica juncea*. Meena *i in.* (2002) stwierdzili, że aplikacja 60 kg N/ha, przy 90 kg, rejestrowała istotnie wyższy plon nasion i pieca gorczycy nad kontrolą i 30 kg N/ha. Prawie takie same wyniki odnotowała Meena *et al.* (2001), która stwierdziła, że plon nasion i pieca, pobieranie N przez nasiona i piec oraz pobieranie P przez piec wzrastało wraz ze wzrostem dawki N do 60 kg/ha. Stwierdzili oni ponadto, że obserwuje się stopniowy wzrost absorpcji P w materiale siewnym i całkowitej absorpcji N w uprawie przy wzrastających wskaźnikach N do 90 kg/ha. Najwyższą zawartość N w nasionach uzyskano przy 90 kg/ha. Odzyskiwanie N zmniejszało się wraz z rosnącymi dawkami N.

Badania zostały przeprowadzone przez Rana *i wsp.* (2002) w celu oceny wpływu samego azotu lub w połączeniu z *Azotobacter* na wzrost i plon musztardy w warunkach suchych. Zaobserwowali oni, że poziom N sam lub w połączeniu z *Azotobacter* odnotował istotnie wyższy plon nasion w porównaniu z kontrolą. Jena *i wsp.* (1998) w badaniach nad reakcją odmian gorczycy (*Brassica juncea)* na azot, zaobserwowano najwyższy plon nasion (1,18 t/ha) przy 120 kg N/ha. Singh *i wsp.* (1997) zaobserwowali wyższy plon przy 125 lub 150 kg N/ha niż 100 kg N/ha.

Meena i Sumeriya (2002) stwierdziły, że zastosowanie 60 kg N/ha okazało się opłacalne ekonomicznie. Brar *et al.* (1998) uzyskali znaczny wzrost cech wzrostu i plonów, a także plonów nasion, oleju i słomy do 200 kg N/ha.

Poonia *i wsp.* (2002) w badaniu nad wpływem poziomu i źródeł fosforu na plon i wartość odżywczą gorczycy (*Brassica juncea* L.*)* stwierdzili, że zastosowanie fosforu przez DAP przy 40 kg P2O5/ha istotnie zwiększyło plon nasion (16,92 q/ha) i oleju (6,54 q/ha) powyżej 20 kg P2O5, ale było na poziomie 60 kg P2O5. Doświadczenie polowe przeprowadzono na początku sezonu zimowego 1987 i 1988 r. w celu zbadania wpływu P i S na wzrost i plonowanie tori (Narang *i in.,* 1993) i stwierdzono, że najwyższe plony nasion, odpowiednio 16,9 i 14,0 q/ha, uzyskano przy p @ 60 kg/ha, które były istotnie większe niż 20 i 0 kg P/ha. Stwierdzono również, że zawartość oleju i białka w torii istotnie wzrosła do 40 kg P/ha w obu latach. Stwierdzono również, że P zwiększał plon ziarna i słomy. Istotny wpływ zastosowania P wynosił jednak do 40 kg P/ha. Stwierdzono również, że aplikacja P obniżyła zawartość oleju, która mieściła się w przedziale od 39,80% na poziomie P do 39,35% na poziomie 60 kg P, a plon oleju istotnie wzrósł.

Badanie polowe przeprowadzone przez Punia *i in.* (2002) dotyczące odpowiedzi odmianowej gorczycy na nawożenie fosforem na vertisol Radżastanu wykazało, że aplikacja 40 kg P2O5/ha była istotnie wyższa niż 20 kg P2O5 w odniesieniu do plonu nasion z działki i liczby silikonów/roślin, wzrost procentowy wyniósł odpowiednio 7,7 i 9,9%. Stwierdzono również, że istotnie wyższy plon nasion przy zastosowaniu 40 kg P2O5/ha (16,9 q/ha) w porównaniu z 20 kg P2O5/ha (14,4 q/ha), co odpowiadało 60 kg P2O5/ha. Przy zastosowaniu 40 kg P2O5/ha uzyskano najwyższy plon oleju 6,5 q/ha, który był o 18,2 i 10,2% większy niż odpowiednio 20 i 60 kg P2O5/ha. Ram i Pareek (1999 r.) stwierdzili, że aplikacja 15 kg P2O5/ha istotnie zwiększyła wysokość roślin, akumulację suchej masy, liczbę silikonów/roślin, nasion/ilikwii, masę testową nad kontrolą, ale liczba gałęzi pierwotnych i wtórnych była większa, odpowiednio o 30 kg P2O5/ha. Stwierdzono również, że plony nasion i słomy zwiększyły się o 30 kg P2O5/ha, w porównaniu z 15 lub brakiem P.

Mina i Manohar (2002) zakończyli badania nad wpływem fosforu i cynku na plon i jakość gorczycy (*Brassica juncea) na* glebie piaszczysto-gliniastej i stwierdzili, że stosowanie fosforu spowodowało 5-12% wzrost plonu nasion i 6-15% wzrost plonu oleju z gorczycy. Wyniki wykazały również, że aplikacja wszystkich poziomów fosforu i cynku stopniowo zwiększała liczbę krzemianów/roślin, plon nasion, plon pieca, plon oleju, masę próbną, zawartość oleju i białka w nasionach gorczycy. Stwierdzono jednak, że wzrost liczby silikonów/roślin, plonu nasion, plonu pożywki i oleju był istotny do 60 kg P2O5/ha i 5 kg Zn/ha.

Singh i Kumar (2002) poinformowali, że składniki odżywcze stosowane przy zalecanych poziomach płodności dawały wyższe plony nasion niż wszystkie zabiegi. W doświadczeniu przeprowadzonym przez Choudhary'ego *i wsp.* (2002) nad wpływem zróżnicowanego poziomu płodności na wzrost i plon *Brassica* spp. w warunkach deszczowych północno-zachodnich Himalajów wykazano, że wielkość wzrostu plonu nasion przy zastosowaniu 150 kg N+ 80 kg P2O5 + 60 kg K2O/ha w warunkach kontrolnych, 50 kg N + 40 kg P2O5 + 30 kg K2O/ha i 100 kg N + 60 kg P2O5+ 45 kg K2O/ha wynosiła odpowiednio 208,9, 88,9 i 10,6%.

Singh (2002) zaobserwował w swoim doświadczeniu polowym przeprowadzonym w Azamgarh, UP podczas *rabi* 1998-99 i 1999-2000 w celu zbadania wpływu różnych poziomów N i P na plon, składniki plonu i zawartość oleju w gorczycy, że zastosowanie N i P zwiększyło długość siliqua, liczbę siliquae/rośliny, nasiona/ilqua, plon nasion i masę 1000- nasion. Średni plon nasion notowano z 45 kg P/ha (11,43 i 13,85 q/ha) oraz 120 kg N/ha (12,98 i 13,83 q/ha) odpowiednio w 1999 i 2000 roku.

Nepalia i Daniel (2002) przeprowadzili doświadczenie dotyczące wpływu środków chemicznych i nawożenia NPK na wzrost i plon gorczycy indyjskiej (*Brassica juncea)* i stwierdzili wyższy plon suchej masy przy jednoczesnej aplikacji NPK. Najwyższy plon nasion (20,88 q/ha) uzyskano po zbiorczej aplikacji NPK, który był o 49,9% wyższy niż w kontroli nienawożonej.

Singh i Singh (2005) poinformowali, że plon nasion gorczycy indyjskiej znacznie wzrósł wraz ze wzrostem poziomu stosowanych N, S i Zn. Aplikacja azotu zwiększyła średni plon nasion o 36,2%, ale zmniejszyła zawartość oleju o 0,5% z kontroli. Zastosowanie siarki zwiększyło średni plon nasion i zawartość oleju o 35,6 i 6,3%, a zastosowanie cynku zwiększyło się odpowiednio o 12,0 i 0,7% w porównaniu z kontrolą. Aplikacja azotu, S i Zn zwiększyła istotnie zawartość białka w nasionach.

Giri *i in.* (2005) odnotowali istotnie większy plon nasion (13,47 q ha-1) w porównaniu z innymi poziomami fosforu. Podobnie zastosowanie 60 kg S ha-1 dało istotnie wyższy plon nasion. Jednak efekty interakcji pomiędzy aplikacją P2O5 i S nie były istotne.

2.6.3. Yield

Zaobserwowano, że plon nasion i zawartość białka w nasionach zwiększały się wraz ze wzrostem dawki N i S. Natomiast zawartość oleju z nasion zmniejszała się wraz z dawką N. Najwyższy wskaźnik przychodów i korzyści netto: koszt 9 zaobserwowano odpowiednio przy 80 kg N/ha i 60 kg S/ha. Ustalenie to było bardzo podobne do ustaleń Uttam *et al.* (1997), który również podał, że wskaźnik plonów, zwrotu netto i kosztów: korzyści wzrósł do 60 kg N/ha. Joshi *et al.* (1998), w badaniu dotyczącym wpływu stosowania azotu i siarki na wydajność 0n i skład kwasów tłuszczowych w oleju gorczycowym *(Brassica juncea* L.) stwierdzono, że stosowanie N do 60 kg/ha i S do 40 kg/ha zwiększyło wydajność.

Doświadczenie polowe zostało przeprowadzone w Gwalior przez Bhadorię i Chauhan (1994) w celu zbadania wpływu nawożenia i zwalczania chwastów w gorczycy odmiany Cv. Varuna. Stwierdzono, że poziom płodności istotnie wpływał na liczbę liści, gałęzi drugorzędowych, Siliquae/rośliny oraz masę 1000-ziarnikową. Plon nasion był większy, odpowiednio 75 + 45 kg N + P2O5/ha. W celu zbadania możliwości zwiększenia ich plonów poprzez większe wykorzystanie nawozów, przeprowadzono próby lokalizacyjne na polach rolników przez 4 lata w powiecie Ghaziabad przez Singh *i in.* (1994). Wyniki wykazały, że 90 kg N + 90 kg P2O5/ha + 60 kg K2O5/ha dla musztardy indyjskiej byłoby optymalnym poziomem nawożenia, aby uzyskać wyższą wydajność i zwrot netto w założeniach zachodniej UP. Azot do 75 kg/ha nie zwiększał masy 1000-siodłanów, ale dalszy wzrost poziomu 100 kg/ha istotnie ją zmniejszał. Stwierdzono, że siliquae na roślinę, długość siliquae i nasiona na siliquae były istotnie zwiększone do 75 kg/ha, eksperyment z jednym nawadnianiem przy 30 DAS w Sabour, Bihar (Mohan i Sharma, 1992). Jaggi (1998) podsumował ustalenia dotyczące gorczycy indyjskiej (*Brassica juncea)*, że 30 i 60 kg P2O5/ha zwiększyło plon nasion odpowiednio o 36 i 82%. Ustalenie to zostało dodatkowo poparte przez Jaggi i Sharmę (1999). Stwierdzili oni, że plon nasion i oleju znacząco wzrósł po zastosowaniu S i P2O5 do 60 kg/ha.

W strefie górskiej Assam, Sarma *et al.* (1999) podała, że plon nasion znacznie wzrósł do 60 kg N/ha, co dało największą korzyść w stosunku do kosztów. Prawie podobne wyniki podali Sugawe i Shelke (1999), którzy stwierdzili, że optymalny poziom N wynosi 115 kg/ha przy obecnej strukturze cen.

Eksperyment został przeprowadzony przez Patel i Shalke (1999) w celu zbadania wpływu FYM, fosforu i siarki na cechy plonu, wydajność, jakość i zysk netto gorczycy. Stwierdzono, że zastosowanie fosforu istotnie zwiększało parametry plonowania, plony nasion i pieca, zawartość oleju i białka oraz zwrot netto do 80 kg P2O5/ha. Patel i Shelke (1998) charakteryzowali się większą wartością komponentów plonu, zawartością oleju i białka przy większej dawce FYM i wzrastającym poziomie P. Zwrot netto był najwyższy przy 80 kg P/ha.

Maurya *et al.* (2002) stwierdził w swoim badaniu dotyczącym wpływu zintegrowanego zarządzania składnikami pokarmowymi w musztardzie indyjskiej *(Brassica juncea)*, że nawozy NPK @ 90 + 45 + 30 kg/ha poprzez nawozy nieorganiczne wraz z 6 tonami FYM były optymalne dla uzyskania wyższych plonów i zwrotów netto.

Na podstawie różnych przeprowadzonych badań można zauważyć ogólną tendencję wzrostu cech plonu, takich jak liczba krzemianów na roślinie, masa nasion na roślinie i masa nasion na roślinie, przy zastosowaniu N. Ale nie ma jasnego obrazu sytuacji, który można by zobaczyć na podstawie wyników dotyczących masy 1000-ciu nasion, liczby nasion w silikonach i długości silikonów z powodu stosowania azotu.

Sah *et al.* (2005) zauważyli, że silikony na roślinę, długość silikonu i plon nasion na roślinę znacznie wzrosły do 120 kg N/ha, a nasiona na silikon i masa 1000- nasion do 80 kg N/ha. Plon nasion wzrósł istotnie do 120 kg N/ha, a wskaźnik zbioru tylko do

80 kg N/ha. Właściwości plonotwórcze i wydajność istotnie wzrastały wraz ze wzrostem poziomu P i S do 40 kg/ha. Nieistotny wpływ na wskaźnik plonu miało zastosowanie P i S.

2.6.4. 2.6.5. Pobór i jakość składników odżywczych

Singh i Kamath (1991) podali, że zastosowanie 90 kg P2O5 nieznacznie zmniejszyło plony we wszystkich uprawach w porównaniu z 60 kg. Procentowe wykorzystanie P zmniejszało się wraz ze wzrostem stosowania P i wynosiło 12,2-23,0% u *B. juncea*, 6,0-13,7% u krokosza barwierskiego i 8,3-18,2% u ciecierzycy. Pobór P w fazie dojrzałości był najwyższy u *B. juncea*, a następnie ciecierzycy i krokosza barwierskiego.

Maliwal *i wsp.* (1998) przeprowadzili badania w odpowiedzi na musztardę (*Brassica juncea)* na nawadnianie i nawożenie i stwierdzili, że średni plon jest najwyższy przy najwyższych dawkach nawozu.

Puri *i in.* (1999) zaobserwowali istotny wpływ zróżnicowanego stopnia żyzności gleby na stężenie składników pokarmowych (N&P) i zawartość oleju w nasionach gorczycy w vertisolach. Stwierdzili również, że na usuwanie głównych składników pokarmowych istotny wpływ miało nawożenie. Na zawartość N i P w nasionach, całkowite usunięcie składników pokarmowych (NPK), plon nasion i zawartość oleju istotny wpływ miały poziomy nawozów (NPK). Najwyższy plon nasion wynoszący 16,8 q/ha i zawartość oleju 39,72% stwierdzono w zabiegu 100:40: 20 kg NPK/ha.

Qian i Schocau (2000) zgłosili z Sasakatoon w Kanadzie, że dodatek obornika świńskiego i mocznika zwiększył akumulację P canola i doprowadził do wyższego P w nasionach. Zastosowanie mocznika istotnie zwiększyło podaż N, ale doprowadziło do niewielkiego spadku mierzonej dawki dostępnej P w glebie. Badanie wpływu nawozu azotowego na stężenie białka rzeczywistego w nasionach Canola (*Brassica napus*) zostało przeprowadzone w Australii Zachodniej przez Brennan *i in.* (2000). Stwierdzono wzrost dawki wraz ze wzrostem dawki N. Procentowy udział oleju nie był skorelowany z plonem nasion, chociaż plon oleju wzrastał w wyższych plonujących roślinach. Stwierdzono zmniejszenie stężenia oleju w kanale przy wzroście zawartości białka.

Badania zostały przeprowadzone przez firmę Jackson (2000) w Montanie (USA) w celu oceny wpływu azotu i siarki na plon rzepaku i pobór składników pokarmowych. Wskazał on, że plon nasion, zawartość oleju i reakcje N były ściśle związane z dostępnym N. Zawartość oleju rzepakowego wahała się od 370 do 510 g/kg i była obniżona przez wzrost N. Zaobserwował on również, że plon nasion wahał się od 0,1 do 3,8 t/ha, a optymalny plon oleju rzepakowego występował przy 200 kg N/ha.

Badania nad wpływem zintegrowanych praktyk zarządzania składnikami pokarmowymi na zawartość i pobór azotu na różnych etapach wzrostu gorczycy indyjskiej *(Brassica juncea)* zostały przeprowadzone przez Shukla *i in.* (2002) w Pantnagar. Stwierdzili oni, że stosowanie 100% i 75% zalecanych dawek nawozu daje podobną zawartość i pobór N, jeśli są one stosowane samodzielnie ze wszystkimi dodatkowymi praktykami żywieniowymi. Stwierdzili oni również, że zastosowanie 100% zalecanych dawek nawozu spowodowało również znacznie większą zawartość i pobranie N przez rośliny 75% i 50% zalecanych dawek nawozu.

Sharma *i wsp.* (2005) zaobserwowali, że zastosowanie S znacznie zwiększyło liczbę gałązek głównych, liczbę krzemionek na roślinę, długość krzemionki oraz masę 1000- nasion. Optymalny plon nasion (14,9 q/ha) uzyskano po zastosowaniu 65,0 kg S/ha. Aplikacja S zwiększała także plon pieca i suchej masy całkowitej. Zastosowanie S do 97,5 kg/ha zwiększyło pobieranie S przez nasiona. Zawartość oleju w nasionach zwiększyła się do 32,5 kg S/ha. Średnia wartość odzysku po dodaniu S wahała się od 13,8 do 21,6%. Efektywność wykorzystania S była wyższa przy niższej dawce S.

Rana *i in.* (2005) zauważyli, że stopniowy wzrost poziomu P i S zwiększał cechy plonu i plon nasion, ale wzrost plonu nasion był istotny tylko do 25 kg P2O5/ha i 20 kg S/ha. Gorczyca indyjska usuwała więcej S niż P. Ze względu na poziom P i S, pobieranie P, S i B było istotne tylko do 25 kg P2O5 i 20 kg S/ha. Reakcja plonu nasion na badane poziomy P i S była kwadratowa. Na podstawie równania odpowiedzi, optymalna dawka P2O5, odpowiedź/kg P i zwroty/reinwestycje na P2O5 wynosiły odpowiednio 45,4 kg P2O5/ha, 10,8 kg i Rs. 4,82. Odpowiednie wartości dla aplikacji S wynosiły 30,9 kg S/ha, 13,3 kg nasion/kg S i Rs. 5,633/Re inwestycji na S. Maksymalne zyski netto wyniosły 50 kg P2O5/ha (Rs. 19 214/ha) i 40 kg S/ha (Rs. 17 664/ha), natomiast stosunek korzyści do kosztów był najwyższy przy 25 kg P2O5 (3,30) i 20 kg S/ha (3,35). Aplikacja boru wykazała również wyraźną poprawę plonu nasion (10,6%), absorpcji P (8,3%), S (7,30%) i B (14,3%) oraz zysków netto (13,9%) i stosunku korzyści do kosztów (4,8%).

Mehdi *i in.* (2006) stwierdzili, że zawartość azotu i siarki zmniejszała się, podczas gdy pobór azotu i siarki wzrastał wraz ze wzrostem upraw, ale zwiększał się wraz ze wzrostem ilości siarki podczas zbiorów. Zawartość i plon oleju z nasion oraz plon białka wzrastały wraz ze wzrostem zawartości siarki, natomiast zawartość siarki i białka w nasionach wzrastała wraz ze wzrostem zawartości siarki do 60 kg/ha, a następnie malała.

Kumar *i wsp.* (2006) stwierdzili, że zastosowanie 40 kg S/ha dało najwyższy plon nasion (18,37 g/ha), który był o 28,1% większy w porównaniu z kontrolą. Pobranie S znacznie wzrosło do 40 kg S/ha i 40 kg /ha. Zawartość oleju zwiększyła się istotnie wraz z dodatkiem S. Dodatek S został maksymalnie wykorzystany przy zastosowaniu najniższych poziomów S.

Sah *et al.* (2006) stwierdzili, że wysokość roślin i podstawowe gałęzie z rośliny zwiększyły się istotnie do 80 kg N/ha, natomiast gałęzie drugorzędne, sucha masa z rośliny i zawartość chlorofilu w liściach zwiększyły się do 120 kg N/ha. Zastosowanie P do 60 kg/ha zwiększyło istotnie zawartość suchej masy na roślinie. Natomiast wysokość roślin, gałęzie z rośliny i zawartość chlorofilu liściowego wzrosła istotnie tylko do 40 kg P/ha. Wszystkie cechy wzrostu zwiększyły się istotnie tylko do 40 kg S/ha. Wyniki badań wykazały, że pobieranie NPK i S zarówno przez nasiona, jak i przez piec zwiększyło się istotnie wraz z kolejnym wzrostem poziomu azotu do 120 kg N/ha, siarki do 60 kg S/ha i fosforu do 60 kg P/ha.

2.6.5. Ekonomia

Kantwa i Meena (2002) w swoich badaniach nad wydajnością zużycia wody, plonem i zwrotem netto gorczycy (*Brassica juncea)* stwierdziły, że 45 kg P2O5/ha i zaszczepienie nasionSB dało istotnie wyższy plon nasion - 20,02 i 19,24 q/ha oraz zwrot netto Rs. 15,328 i Rs. 14,635, odpowiednio w porównaniu z niższymi poziomami.

Kumar i Gaur (2002) podali, że stosowanie 45 kg wraz z 30 kg P2O5/ha i 60 kg S/ha uznano za opłacalne w przypadku taramiry (*Eruca sativa)* w warunkach deszczowych.

Singh *et al.* (2005) uzyskali najwyższe wartości kosztów produkcji (Rs. 24.299 i 24.962/ha), zysków netto i stosunku korzyści do kosztów przy 75% nawozu + FYM @ 6t/ha.

III. MATERIAŁY I METODY

Eksperymenty terenowe w ramach projektu badawczego zatytułowanego **"Wpływ nawadniania i poziomów płodności na system międzyplonowy ciecierzycy + musztardy"** zostały przeprowadzone w Agronomy Research Farm, Amar Singh College, Lakhaoti, Bulandshahar (U.P.) podczas sezonów *rabi w latach* 2005-06 i 2006-07. Szczegóły dotyczące użytych materiałów, zastosowanych procedur eksperymentalnych i technik przyjętych do analizy danych wygenerowanych w trakcie badań są opisane w tym rozdziale.

3.1 Miejsce przeprowadzania eksperymentów

Eksperymenty zostały przeprowadzone w Agronomy Research Farm, Amar Singh College, Lakhaoti, Bulandshahar (Uttar Pradesh). Farma znajduje się na szerokości 28.^{10} N, długości 77.^{10} i 228.6 metra nad średnim poziomem morza (MSL).

3. 2. Klimat i pogoda

Rejon Bulandshahar cieszy się subtropikalnym klimatem z gorącym i suchym latem, bardzo zimną zimą i łagodnymi do ciężkich deszczami. Średnia maksymalna temperatura podczas najcieplejszego miesiąca maj-czerwiec wynosiła między ^{410} C a 460 C, podczas gdy średnie minimum w najzimniejszym miesiącu (styczeń) było między ^{20} C a ^{50} C. Dzienne maksymalne i minimalne temperatury i wskaźnik parowania wykazują wzrost w okresie między lutym a czerwcem i spadek od lipca. Średnie opady na tym obszarze wynoszą około 652 mm, z czego 547 mm (84 %) przypada na monsun południowo-zachodni. Pozostałe 105 mm (16 %) przypada na okres od października do maja. Izolowane prysznice zimowe otrzymywane były również w okresie od stycznia do lutego. Średnia roczna strata parowania jest szacowana na około 850 mm.

Temperatury w maju i czerwcu wahały się w granicach 35-450C, natomiast minimalne temperatury występują w styczniu i lutym. Mróz występuje zazwyczaj w grudniu i styczniu. Do czwartego tygodnia czerwca lub pierwszego tygodnia lipca w południowo-zachodnim monsunie zachodzi i trwa do połowy września. Duża część opadów występuje w lipcu i sierpniu. W miesiącach zimowych otrzymano niewiele deszczy.

Średnia tygodniowa dla różnych parametrów meteorologicznych pobranych z Bulandshahry, dla sezonów uprawnych i wartości normalnych 30 lat została przedstawiona w załączniku I.

W sezonie upraw (październik-marzec) otrzymane opady wyniosły 60,2 mm i 47,2 mm odpowiednio w latach 2005-2006 i 2006-2007, w porównaniu z odpowiadającą im wartością normalną wynoszącą 64,28 mm w tym samym okresie. Średnie tygodniowe i maksymalne temperatury wynosiły 24,^{80C} i 24,^{90C}, które w 52. i 17,1 w $^{2.}$ tygodniu standardowym, odpowiednio w pierwszym i drugim sezonie, osiągnęły najniższy poziom 17,$^{70C.}$ Normalne średnie maksymalne temperatury wynosiły 25,^{70} C, a wartości wahały się od 19,^{30} C w czwartym i 32,$^{30\ C\ w}$ 45 tygodniu standardowym odpowiednio.

Średnie tygodniowe temperatury minimalne wynosiły 10,^{10} C (2005-2006) i 9,^{60} C w (2006-2007) wobec odpowiadającej im wartości normalnej 9,^{10} C, przy czym najniższe odnotowane temperatury minimalne wynosiły 4,^{40C} (2005-2006) w ^{trzecim} i 4,^{60C} (2006-2007) odpowiednio w czwartym tygodniu normalnym wobec odpowiadającej im wartości normalnej 5,3 w trzecim tygodniu normalnym.

Średnie maksymalne i minimalne wartości wilgotności względnej powietrza wynosiły odpowiednio 87,2 i 39,1 procent oraz 79,6 i 39,0 procent w pierwszym i drugim sezonie. Normalna średnia maksymalna i minimalna wilgotność względna powietrza w tym samym okresie wynosiły odpowiednio 76,9 i 35,2 proc.

Średnia tygodniowa liczba godzin nasłonecznienia na dzień wynosiła 5,8 i 6,9, a wartości wahały się od 1,7 do 8,5 i 3,5 do 9 odpowiednio w sezonach upraw 2005-2006 i 2006-2007.

Normalna średnia tygodniowa liczba godzin słonecznych/dzień wynosiła 8,5 przy minimalnych i maksymalnych wartościach 7,42 i 9,72 odpowiadających odpowiednio ^{2}. i 46. standardowemu tygodniowi. Średnie tygodniowe parowanie w okresie zbiorów wynosiło 2,1 mm i 3,0 mm odpowiednio w pierwszym i drugim sezonie (rysunek 3.1 i rysunek 3.2).

3.3 Właściwości fizykochemiczne gleby

Złożone próbki gleby pobrano do głębokości 30 cm i przeanalizowano pod kątem ich właściwości fizykochemicznych. Przedstawiono je w tabeli 3.1.

Tabela 3.1. Właściwości fizykochemiczne gleby pola doświadczalnego

Wartości szczegółoweMetoda	**stosowana**			
	2005-072	**006-07**		
a) Właściwości fizyczne				
Piasek gruboziarnisty (%)	0,680	,67	Pipeta	międzynarodowa
Drobny piasek (%)	65.6465	.45Metoda	(Piper, 1956)	
Muł (%)	18.7818	.53-do-		
Glina(%)	13.1813	.24-do-		
Klasa teksturowaSandy gliny piaszczysteSandy			gliny-do-	
b) Właściwości chemiczne				
Węgiel organiczny (%)	0.	390.40Walkley	i Black metoda (Jackson, 1967)	
Dostępny N353308Alkaliczny				
Metoda permagnetyczna (kg/ha)			(Subbaih i Asija, 1956)	
Dostępna	metoda P2O5 (%)		9.5210	.56Olsen 'a
			(Olsen *et.al.,* 1954)	
Dostępny K2O (%)	158.00166Metoda		(fotometr płomieniowy	
			(Jackson, 1973)	
pH fazy nasyconej 7	,607	,28pH	metr	
elektroda szklana			(Piper, 1966)	
E.C (mmhos/cm)	0.	400.39Elektryczne		
			przewodnośćomierz (Piper, 1966)	

Na podstawie analizy frakcyjnej gleby podanej w tabeli 3.2. stwierdzono, że była to gleba piaszczysto-gliniasta o strukturze, dobrze zdrenowana i średnio żyzna, o odczynie lekko zasadowym. Była ona uboga w węgiel organiczny, średnia w fosfor i wysoka w potas.

Tabela 3.2. Stałe fizyczne gleby na polu doświadczalnym

Stała fizyczna	Głębokość gleby (cm)						Metoda
	0-15	15-30	30-60	60-90	90-120	120-150	
Pojemność fizyczna (%, w/w)	16.63	17.41	17.59	17.38	16.87	16.73	Metoda terenowa (Cole, 1944)
Punkt trwałego więdnięcia (%, w/w)	7.54	7.69	7.43	7.38	7.39	7.35	Aparat z płytą ciśnieniową (Richards, 1954)
Pozorny ciężar właściwy	1.55	1.55	1.52	1.53	1.52	1.55	Pobieranie próbek pierwotnych (Piper, 1966)

3.4 Historia upraw na polu doświadczalnym

Znajomość poprzedniej historii działki jest bardzo istotna, ponieważ ma ona bezpośredni wpływ na reakcję nawozu i obornika. Na badanym polu doświadczalnym zastosowano następujący harmonogram upraw (tabela 3.3).

Tabela 3.3. Historia upraw na polu doświadczalnym

Rok	*Kharif*	*Rabi*
1999-2000	Sorghum	Musztarda
2000-2001	Kukurydza	Ciecierzyca
2001-2002	Bajra	Pszenica
2002-2003	Sorghum	Ciecierzyca
2003-2004	Soja	Jęczmień
2004-2005	Sorghum	Ciecierzyca
2005-2006	Soja	Obecny eksperyment
2006-2007	Moong	Obecny eksperyment

3.5 Szczegóły eksperymentu

Eksperyment został rozłożony na trzy replikacje w projekcie podzielonej działki. Trzy systemy uprawowe i cztery etapy nawadniania obejmowały główne zabiegi na poletkach oraz trzy poziomy nawożenia w podpowierzchniach. Szczegóły zabiegów podane są poniżej:

3.5.1Obróbki i zapisy

Zabiegi **Symbole**

Działka główna

A. System upraw

1) Musztarda solna (50 cm) C1

2) Sole chick pea pea (25 cm) C2

3) Ciecierzyca + Musztarda (4:1) C3

Podpowierzchnia

B. Nawadnianie

(1) Brak nawadniania I0

(2) Nawadnianie w pierwszym krytycznym etapie I1
ciecierzycy (stadium przedkwitnienia)

(3) Nawadnianie na drugim najbardziej krytycznym etapie I2
ciecierzycy (formacja strączkowa)

(4) Kombinacja na pierwszym i drugim miejscu I3
krytyczne etapy rozwoju ciecierzycy (Wstępne kwitnienie
scena i formacja Pod)

Podpowiedź

C. Poziomy nawożenia

(N P & S dozowanie w kg / ha)

1) Poziom płodności :- 20 : 40 : 10 kg N, P & S/ha F1

2) Poziom płodności :- 40 : 60 : 20 kg N, P & S/ha F2

3) Zalecana dawka nawozów (RDF) F3

RDF- 20-60-20 (NP&S) dla obu upraw, które mają być stosowane w rzędach.

Kombinacje zabiegów: 3 x 4 x 3 = 36

C1 I0 F1 C1 I0 F2 C1 I0 F3

C1 I1 F1	C1 I1 F2	C1 I1 F3
C1 I2 F1	C1 I2 F2	C1 I2 F3
C1 I3 F1	C1 I3 F2	C1 I3 F3
C2 I0 F1	C2 I0 F2	C2 I0 F3
C2 I1 F1	C2 I1 F2	C2 I1 F3
C2 I2 F1	C2 I2 F2	C2 I2 F3
C2 I3 F1	C2 I3 F2	C2 I3 F3
C3 I0 F1	C3 I0 F2	C3 I0 F3
C3 I1 F1	C3 I1 F2	C3 I1 F3
C3 I2 F1	C3 I2 F2	C3 I2 F3
C3 I3 F1	C3 I3 F2	C3 I3 F3

Liczba replikacji	:	3
Łączna liczba działek	:	36 x 3 = 108 działek
Wielkość działki brutto	:	5m x 5m
Wielkość działki netto	:	4m x 4m
Rozstaw	:	25cm x 5cm ciecierzyca
	:	50cm x 10cm musztarda

Układ eksperymentu przedstawiony jest na rysunku 3.3.

3.5.2 Cechy szczególne stosowanych odmian

Ciecierzyca: Avrodhi

Avrodhi jest odmianą opracowaną przez Indyjską Radę Badań nad Rolnictwem. Jest to odmiana odpowiednia dla północnoindyjskich warunków i zalecana do uprawy w Uttar Pradesh. Jest to odmiana półrozprzestrzeniająca się w pokroju i o krótkiej budowie. Ziarno ma jasnobrązową barwę i średnią wielkość. Potencjał plonowania wynosi od 12-32 q ha-1, białko 17,42-21,25%, tłuszcz 5,28-6,83%, popiół 3,19-3,60%, włókno surowe 3,86-4,40% i węglowodany 56,08-60,46%. Zawartość białka tej odmiany wzrasta wraz ze wzrostem wielkości ziarna. Wartość opałowa wynosiła 355-377 kc al/100 g. Zawartość wapnia i fosforu wynosiła odpowiednio 222,59 i 305,30 mg/100 g, co jest wartością najwyższą w porównaniu z innymi odmianami. Jest to odmiana odporna na więdnięcie. Ponadto jest odporna również na BGM.

Musztarda: B-70

Jest to odmiana opracowana w Indyjskim Instytucie Badań nad Rolnictwem. Jest to odmiana wyprostowana z półzagęszczonym rozgałęzieniem. Dojrzewa w ciągu 135-145 dni w warunkach Uttar Pradesh. Masa 1000 nasion wynosi około 6-7 gm. Nadaje się do stosowania zarówno w warunkach deszczowych, jak i nawadnianych, reaguje na nawożenie nawozem o wydajności około 2 t/ha i większej. Nasiona są czarnobrązowe, okrągłe i pogrubione, zawartość oleju wynosi 42-44%. Jest to odmiana odpowiednia dla warunków północnoindyjskich i polecana do uprawy Uttar Pradesh.

3.6 Szczegóły operacji w terenie

Kalendarz działań prowadzonych w okresie eksperymentalnym podano w tabeli 3.4.

3.6.1 Przygotowanie gleby

Poletko doświadczalne zostało dokładnie zaorane pługiem ciągnikowym z deską formierską, a następnie krzyżowym. Pole zostało wyrównane i dociśnięte za pomocą niwelatora ciągnionego przez ciągnik.

3.6.2 Stosowanie nawozów

Nawozy stosowano zgodnie z trzema poziomami płodności [N P & S dawka (kg / ha)]. Poziomy nawożenia obejmowały: (i) Poziomy nawożenia: - 20: 40: 10 [F1] (ii) Poziomy nawożenia: - 40: 60: 20 [F2] (iii) Zalecana dawka nawozów {20-60-20 (NP&S) (F3) dla obu roślin była stosowana rzędowo. Fosforan dwuamonowy, siarkę i mocznik stosowano zgodnie z zabiegami i umieszczono 3-5 cm poniżej nasion za pomocą metalowej rurki przymocowanej do pługa ręcznego, tuż przed siewem w sąsiednim rzędzie. Nawozy aplikowano rzędowo na obie rośliny.

3.6.3 Nawadnianie

Uprawy w obu porach roku były wysiewane po przedsiewnym nawadnianiu. Nawadnianie zgodnie z zabiegiem stosowano w pierwszej fazie krytycznej (faza przedkwitnienia), drugiej fazie krytycznej (formowanie strąków) oraz kombinacji pierwszej i drugiej fazy najbardziej krytycznej (faza przedkwitnienia i formowanie strąków). Przy każdym nawadnianiu stosowano odmierzoną ilość wody 60 mm za pomocą korony parshall flume.

Tabela 3.4. Kalendarz działań w terenie

Sl. Nie.	Nazwa operacji	Data eksploatacji	
		2005-06	2006-07

1. Nawadnianie przedsiewne13-10-0512-10-06

2. Przygotowanie w terenie

i) Orka z tarczą ciągnioną przez ciągnik16-10-0515-10-06

ii) Bronowanie i deskowanie 17-10-0516-10-06

3. Rozmieszczenie w terenie 19-10-0517-10-06

4. Aplikacja nawozu20-10-0518-10-06

5. Wysiew roślin uprawnych

i) Ciecierzyca23-10-0521-10-06

ii) Musztarda24-10-0522-10-06

6. Przerzedzanie upraw14-11-0512-11-06

7. Operacje międzykulturowe

a) Hoeing24-11-0522-11-06

b) Odchwaszczanie ręczne30-11-0530-11-06

8. Ochrona roślin

a) Dithane M-45 (0,025 %) przeciwko

Alternaria blight 04-12-05---

b) Rozpylanie metasystoksu przeciwko mszycom 14-12-0516-12-06

9. Żniwa

a) Ciecierzyca30-03-0628 -03-07

b) Musztarda 26-03-0623-03-07

3.6.4 Nasiona i siew

Stosowane w doświadczeniu dawki wysiewu wynosiły 80 i 4 kg ha $^{-1}$ odpowiednio dla ciecierzycy i gorczycy. Oddzielne bruzdy otwierano pługiem ręcznym zgodnie z geometrią poszczególnych systemów uprawy międzyplonów w każdej replikacji, a materiał siewny zrzucano przez żelazną wylewkę *(por)* przymocowaną do pługa. Nasiona umieszczano na głębokości ok. 4-5 cm, a bruzdy pozostawiano otwarte (metoda por). Dla wygody ciecierzycy wysiewano najpierw ciecierzycę, a następnie gorczycę.

3.6.5 Działalność kulturalna

3.6.5.1 Przerzedzanie

Trzebieże wykonywano dwa tygodnie po wysianiu, aby utrzymać wymagany odstęp między roślinami, zgodnie z zabiegami. Tam, gdzie było to konieczne, wykonano wypełnienie luki.

3.6.5.2 Działania międzykulturowe

Jedno motanie ręczne zostało wykonane, 30 dni po wysianiu w obu sezonach, a następnie ręczne odchwaszczenie po tygodniu, aby zapewnić idealne warunki do uprawy baldachimu.

3.6.6 Środki ochrony roślin

W latach 2005-06 uprawy ciecierzycy wykazywały objawy zarazy Alternaria i zostały opryskane preparatem Dithane M-45 (0,025%). W obu sezonach uprawy gorczycy zaatakowano mszyce. Dlatego też metasystoks został opryskany dwukrotnie w dawce 0,03 procent.

3.6.7 Zbiór i młócenie

Uprawy z powierzchni działki netto były zbierane w fazie dojrzałości fizjologicznej i umożliwiały suszenie na tych samych działkach. Dla wygody i łatwości obsługi najpierw zebrano gorczycę, a następnie ciecierzycę.

3.7Biometryczne obserwacje

Trzy reprezentatywne rośliny ciecierzycy i gorczycy z każdego zabiegu zostały wybrane losowo w wieku 30, 60, 90 DAS i w fazie dojrzałości do rejestracji obserwacji biometrycznych, a także do badań po zbiorze, dotyczących różnych aspektów wymienionych poniżej:

3.7.1 Musztarda

3.7.1.1 Badania przed zbiorami

3.7.1.1.1 Liczba oddziałów na zakład

Liczba głównych gałęzi musztardy została policzona dla trzech roślin na 30, 60 i 90 DAS i zbiorów. Średnia została obliczona i wyrażona jako liczba głównych gałęzi na roślinę.

3.7.1.1.2 Sucha masa

Korzenie badanych roślin musztardy były cięte, a liście, łodygi i części reprodukcyjne (kwiaty i krzemionki) części składowych roślin (części wegetatywnych i reprodukcyjnych) były najpierw suszone na słońcu, a następnie suszone w piecu w temperaturze ^{650C} przez 24 do 48 godzin, aż do uzyskania stałej masy. Próbki zważono na wadze elektronicznej na górnej szalce (Metller, typ K 7 T, szwajcarski), a wysuszoną masę próbek wyrażono w gramach na roślinę.

3.7.1.2 Badania po zbiorach

3.7.1.2.1 Numer Siliquae

Całkowita liczba silikonów musztardy została policzona w trzech zakładach. Średnia została opracowana i wyrażona jako silikony na roślinę.

3.7.1.2.2 Liczba nasion na silikony

Wszystkie krzemionki na próbkach musztardy zostały usunięte. Ponieważ liczba ta była duża, z każdej rośliny wybrano reprezentatywną próbkę 20 silikonów, wymłócono, oczyszczono i policzono liczbę nasion. Średnia została opracowana i wyrażona jako liczba nasion na silikony.

3.7.1.2.3 Długość Siliquae

Dwadzieścia pięć silikonów z każdego zabiegu zostało pobranych losowo w celu obliczenia średniej długości (cm) silikonów.

3.7.1.2.4 Plon materiału siewnego z rośliny

Wydajność nasion musztardy na roślinę została opracowana na podstawie średniej z trzech roślin i jest wyrażona w gramach.

3.7.1.2.5. 1000 - masa materiału siewnego

W tym celu pobrano niewielką próbkę materiału siewnego z każdej obróbki z całości produktu po zbiorze. 100 nasion gorczycy zostało policzonych za pomocą elektronicznego numerycznego licznika nasion, Tecator, Hoganas, Szwecja. To samo zostało zważone i wyrażone w gramach.

3.7.1.2.6 Wydajność biologiczna

Masa całkowitego produktu musztardy zebranego z powierzchni netto każdej obróbki została zarejestrowana po wysuszeniu na słońcu i wyrażona jako plon całkowitego produktu kg/ha.

3.7.1.2.7 Wydajność materiału siewnego

Masa plonu nasion gorczycy po każdym zabiegu po omłóceniu została zważona i wyrażona w kg ha^{-1}

3.7.1.2.8 Wydajność łodygi

Waga łodygi musztardy była rejestrowana dla każdego zabiegu. Dokonywano tego poprzez wykrywanie masy nasion gorczycy na podstawie masy całkowitego produktu po omłóceniu, a masa ta wyrażana jest jako plon łodygi, kg/ha.

3,7,1,2,9 Wskaźnik zbiorów

Wydajność ekonomiczną gorczycy podzielono przez wydajność biologiczną (produkt całkowity) oraz wypracowaną zależność i wyrażono w procentach, jak poniżej:

$$H.I = \frac{\text{Wydajność ekonomiczna}}{\text{Wydajność biologiczna}} \times 100$$

3.7.1.2.10 Współczynnik równoważności gruntów (LER)

Współczynnik Równoważności Gruntów to względna wielkość gruntów w systemie upraw jednorocznych, która będzie niezbędna do uzyskania takich samych plonów jak w systemie międzyplonowym. Współczynnik LER oblicza się według następującego wzoru

$$LER = \frac{Y\,ab}{Y\,aa} + \frac{Y\,ba}{Y\,bb}$$

Gdzie,

Yab = plon "a" uprawiany w mieszaninie (a i b)

Yba = Wydajność "b" uprawiana w mieszankach (a i b)

Yaa = Yield of 'a' in pure stand

Ybb = Wydajność "b" w czystej postaci

3.7.1.2.11 Wskaźnik powierzchni liściowej (LAI)

Powierzchnia liści została zmierzona na podstawie stosunku powierzchni liści do ich wysuszenia. Próbka wtórna wszystkich liści z jednej rośliny, z której pobrano jedną replikę w każdym dniu pobierania próbek, została pobrana świeża, a powierzchnia liści została zarejestrowana za pomocą miernika powierzchni LI-3000, farby LI-CRO. Liście zostały wysuszone w piecu i zważone. Powierzchnię właściwą liści (SLA) obliczono jako stosunek powierzchni liści (cm2) do suchej masy liści (g). Tę wartość SLA dla każdego zabiegu w każdym czasie pobierania próbek pomnożono przez odpowiednie wartości masy liści suchych, aby uzyskać powierzchnię liści.

Wskaźnik powierzchni liści jest wyrażony jako całkowita powierzchnia liści rośliny (tylko jedna strona) na jednostkę powierzchni zajmowanej przez nią na ziemi.

3.7.2 Ciecierzyca

3.7.2.1 Badania przed zbiorami

3.7.2.1.1 Liczba oddziałów na zakład

Liczbę głównych gałęzi ciecierzycy policzono dla trzech roślin na 30, 60 i 90 DAS i zbiorów. Średnia została obliczona i wyrażona jako liczba głównych gałęzi na roślinę.

3.7.2.1.2 Sucha masa

Korzenie badanych roślin ciecierzycy cięto, a liście, łodygi i części rozrodcze (kwiaty/podsady) komponentów roślin (części wegetatywne i rozrodcze) suszono na słońcu najpierw, a następnie suszono w piecu w temperaturze ^{650} C przez 24 do 48 godzin, aż do uzyskania stałej masy. Próbki zważono na wadze elektronicznej na górnej szalce (Metller, typ K 7 T, szwajcarski), a wysuszoną masę próbek wyrażono w gramach na roślinę.

3.7.2.2 Badania po zbiorach

3.7.2.2.1 Numer strunnika

Całkowita liczba strąków ciecierzycy została policzona w trzech zakładach. Średnia została opracowana i wyrażona jako strąki rośliny $^{-1}$.

3.7.2.2.2 Liczba nasion w strąkach

Wszystkie strąki badanych roślin ciecierzycy zostały usunięte. Ponieważ liczba ta była duża, z każdej rośliny wybrano reprezentatywną próbkę 20 strąków, wymłócono, oczyszczono i policzono liczbę nasion. Średnia została opracowana i wyrażona jako liczba nasion w strąkach.

3.7.2.2.3 Długość strąka

Dwadzieścia pięć strąków ciecierzycy z każdego zabiegu zostało pobranych losowo w celu obliczenia średniej długości (cm) strąków.

3.7.2.2.4 Plon materiału siewnego z rośliny

Plon nasion ciecierzycy był opracowany na podstawie średniej z trzech roślin i wyrażony w gramach.

3.7.2.2.5 Masa 100 nasion

W tym celu pobrano niewielką próbkę materiału siewnego z każdej obróbki z całości produktu po zbiorze. 100 - nasiona ciecierzycy policzono za pomocą elektronicznego numerycznego licznika nasion, Tecator, Hoganas, Szwecja. To samo zostało zważone i wyrażone w gramach.

3.7.2.2.6 Wydajność biologiczna

Masa całości produktów zebranych z działki netto każdej obróbki ciecierzycy została zarejestrowana po wysuszeniu na słońcu i wyrażona jako plon całości produktów kg/ha.

3.7.2.2.7 Wydajność materiału siewnego

Masę plonu nasion ciecierzycy po każdym zabiegu po omłóceniu zważono i wyrażono w kg/ha.

3.7.2.2.8 Wydajność magazynu

Dla każdego zabiegu rejestrowano masę pieca ciecierzycy. Dokonywano tego poprzez wykrywanie masy nasion ciecierzycy na podstawie masy produktów ogółem po omłóceniu oraz masy wyrażonej jako plon szypułek, q/ha.

3.7.2.2.9 Wskaźnik zbiorów

Wydajność ekonomiczną podzielono przez wydajność biologiczną (produkt globalny) ciecierzycy oraz wypracowaną zależność i wyrażono w procentach, jak poniżej:

$$H.I = \frac{\text{Wydajność ekonomiczna}}{\text{Wydajność biologiczna}} \times 100$$

3.7.2.2.10 Wskaźnik powierzchni liściowej (LAI)

Powierzchnia liści została zmierzona na podstawie stosunku powierzchni liści do ich wysuszenia. Próbka wtórna wszystkich liści z jednej rośliny, z której pobrano jedną replikę w każdym dniu pobierania próbek, została pobrana świeża, a powierzchnia liści została zarejestrowana za pomocą miernika powierzchni LI-3000, farby LI-CRO. Liście zostały wysuszone w piecu i zważone. Powierzchnię właściwą liści (SLA) obliczono jako stosunek powierzchni liści (cm2) do suchej masy liści (g). Tę wartość SLA dla każdego zabiegu w każdym czasie pobierania próbek pomnożono przez odpowiednie wartości masy liści suchych, aby uzyskać powierzchnię liści.

Wskaźnik powierzchni liści jest wyrażony jako całkowita powierzchnia liści rośliny (tylko jedna strona) na jednostkę powierzchni zajmowanej przez nią na ziemi.

3.8 Analiza chemiczna

3.8.1 Zawartość i pobór składników odżywczych

Próbki roślin ciecierzycy i gorczycy zostały zebrane podczas zbioru, a próbki nasion suszono w piecu w temperaturze ^{650} C przez 24 godziny. Wysuszone próbki były mielone na sicie o 40 oczkach w "makro młynach Wiley". Z każdej próbki N, P i S oznaczano oddzielnie. Ich pobór (kg ha $^{-1}$) obliczono według następującego wzoru.

Pobór składników pokarmowych (kg/ha) =

Wydajność słomy/przełomu (kg/ha) X Zawartość mięty (%) (Wydajność nasion x Zawartość składników odżywczych)

——————————————— + ---------------------------

100 100

3.8.2 Zawartość i wydajność białka

Zawartość białka (%) w nasionach obliczono przez pomnożenie procentowej zawartości azotu przez współczynnik 6,25. Plon białka opracowano za pomocą następującego wzoru.

Białko (%) x Wydajność materiału siewnego (q/ha)

100

3.8.3 Zawartość oleju i wydajność oleju

Olej w nasionach gorczycy został oszacowany techniką pulsacyjnego magnetycznego rezonansu jądrowego (NMR) w laboratorium badań jądrowych IARI w New Delhi i obliczony według wzoru podanego poniżej.

Procent oleju X Wydajność ziarna gorczycy (q/ha1)

Wydajność ropy naftowej (q/ha)= --

100

3.9 Ekonomia

3. 9. 1 . Koszt uprawy

Nakłady poniesione (Rs./ha) od siewu do zbiorów, łącznie z przygotowaniem pola, zostały opracowane dla każdego zabiegu.

3.9.2 Zwroty brutto

Całkowity dochód uzyskany z materiału siewnego / ziarna oraz słomy / pieca został opracowany z uwzględnieniem lokalnej dominującej ceny materiału siewnego / ziarna oraz ceny rynkowej łodygi.

3. 9.3 Zwroty netto

Zwroty netto uzyskano poprzez odjęcie kosztów uprawy od zwrotów brutto.

3.9.4 Zwroty na zainwestowaną rupię

Zostało to obliczone w następujący sposób :

Zwroty netto R/ha

Zwroty w rupiach za każdą zainwestowaną rupię = --------------------------

Koszt uprawy R/ha

3.9.5 Wydajność równoważnika ciecierzycy

Plon nasion gorczycy został przeliczony na równoważny plon ciecierzycy, w oparciu o dominujące ceny sprzedaży towarów, według następującego wzoru:

Plon nasion gorczycy (kg/ha)

Plon równoważnika ciecierzycy = cena jedynej uprawy musztardy Rs/q

3.10 Analiza statystyczna

Dane doświadczalne były analizowane statystycznie przy użyciu techniki "Analiza wariancji" do projektowania działek dzielonych (Cochran i Cox, 1957). Dla każdej postaci opracowano błąd standardowy różnicy średniej (SEm+) i krytycznej (C.D) na poziomie 5% istotności.

IV. WYNIKI

Wyniki badania zatytułowanego "**Effect of irrigation and fertility levels on chickpea + mustard intercropping system**", przeprowadzonego w Agronomy Research Farm, Amar Singh Post Graduate College, Lakhaoti w latach 2005-2006 i 2006-2007, zostały przedstawione w poniższych punktach.

4.1 Musztarda

4.1.1 Atrybuty wzrostu

4.1.1.1 Wysokość rośliny (cm)

Dane dotyczące wysokości roślin gorczycy w zależności od systemów upraw, nawadniania i poziomu płodności w różnych fazach wzrostu zostały przedstawione w tabeli 4.1 oraz graficznie na rysunku 4.1.

Systemy uprawowe i poziomy nawadniania nie miały znaczącego wpływu na wysokość roślin gorczycy przy 30 i 60 DAS w obu latach doświadczeń. Jednakże przy 90 DAS i przy zbiorze gorczycy międzyplonowej (C3) odnotowano istotnie wyższą wysokość roślin w porównaniu z jedyną uprawą gorczycy (C1). Wszystkie poziomy nawadniania odnotowały znacząco wyższą wysokość roślin gorczycy w porównaniu z brakiem nawadniania (I0) w jakimkolwiek stadium wzrostu upraw. Spośród poziomów nawadniania, 2 nawadniania w fazie przedkwitnienia i w fazie wypełniania strąków ciecierzycy (I3) odnotowały najwyższą wysokość rośliny w porównaniu z innymi poziomami nawadniania, tj. nawadnianie tylko w fazie przedkwitnienia ciecierzycy (I1) lub nawadnianie tylko w fazie wypełniania strąków ciecierzycy (I2). Poziomy płodności wykazały istotny wpływ na wysokość roślin w tych fazach. Stosowanie zalecanej dawki nawozów w proporcji rzędów roślin (F3) powodowało istotny wzrost wysokości roślin. Ściśle odpowiadało to 40:60:20 kg N:P2O5 : S /ha (F2). Aplikacja 20:40:10 kg N:P2O5 : S /ha odnotowała najmniejszą wysokość roślin na wszystkich etapach obserwacji.

4.1.1.2 Liczba oddziałów na zakład

Dane dotyczące liczby gałęzi na roślinę gorczycy w różnych fazach wzrostu pod wpływem systemów upraw, nawadniania i płodności zostały przedstawione w tabeli 4.2.

Systemy uprawowe nie miały znaczącego wpływu na liczbę gałęzi roślin gorczycy w żadnym z etapów wzrostu upraw. Tak więc zarówno gorczyca solna, jak i międzyplonowa odnotowały statystycznie podobną liczbę gałęzi na roślinie we wszystkich fazach w obu latach doświadczenia. Również nawadnianie nie miało znaczącego wpływu na liczbę rozgałęzień na roślinie gorczycy w 30 i 60 DAS, ale później na nawadnianie w fazie przedkwitnienia i wypełnienia strąków ciecierzycy zanotowano znacznie większą liczbę rozgałęzień w gorczycy w porównaniu z brakiem nawadniania w którymkolwiek z etapów wzrostu upraw. Spośród poziomów nawadniania w 2 nawadnianiach w fazie przedkwitnienia i w fazie napełniania strąków ciecierzycy zanotowano największą liczbę gałęzi na roślinę w pierwszym roku zbiorów oraz w 90 i w drugim roku zbiorów w doświadczeniu. Przy 90 DAS w pierwszym roku jedno nawadnianie w stadium napełniania strąków ciecierzycy odnotowało najwyższą wysokość musztardy na roślinie. Poziom płodności odnotował znaczne różnice w liczbie gałęzi na roślinie na wszystkich etapach w obu latach doświadczenia. Zastosowanie 20:40:10 kg N:P2O5 : S /ha odnotowało najmniejszą liczbę rozgałęzień, natomiast zalecana dawka nawozów na proporcje rzędów upraw (F3) odnotowała największą liczbę rozgałęzień na roślinie.

4.1.1.3 Akumulacja suchej masy (g/roślina)

Dane dotyczące akumulacji suchej masy musztardy w zależności od systemów upraw oraz poziomów nawadniania i płodności zostały przedstawione w tabeli 4.3, a także graficznie na rysunku 4.2.

Systemy uprawowe w obu latach doświadczeń nie miały znaczącego wpływu na akumulację suchej masy w gorczycy w różnych fazach wzrostu roślin. Wśród poziomów nawadniania istotny wpływ na akumulację suchej masy musztardy w 30 i 60 DAS w obu latach doświadczenia. Istotny wpływ miały natomiast poziomy nawadniania w 90 DAS i przy zbiorze. W wyniku zastosowania 2 nawodnień (I3) stwierdzono największą akumulację suchej masy musztardy. Ściśle zależało to od zastosowania jednego nawodnienia w fazie napełniania strąków ciecierzycy w pierwszym i w fazie przedkwitnienia w drugim roku. W obu latach brak nawodnień odnotował najniższe nagromadzenie suchej masy spośród wszystkich poziomów nawodnień. Stosowanie zalecanej dawki nawozów na powierzchni obu upraw (F3) odnotowało największą akumulację suchej masy we wszystkich fazach wzrostu upraw. Następnie 40:60:20 kg N:P2O5 : S /ha (F2). Najmniejszy przyrost suchej masy zaobserwowano w 20:40:10 kg N:P2O5 : S /ha (F1) w obu latach badań.

Istotny wpływ interakcji pomiędzy systemami upraw, poziomami nawadniania i płodności obserwowany w różnych fazach wzrostu na akumulację suchej masy przedstawiono w tabeli 4.3a.

Kombinacje C1 i I1 oraz C3 i F3 przy 60 DAS; C1 i F3 oraz I2 i F3 przy 90 DAS oraz C1 i I3 przy zbiorze odnotowały najwyższą akumulację suchej masy w musztardzie w pierwszym roku. Jednakże w drugim roku nie zaobserwowano tak znaczących efektów interakcji.

4.1.1.4 Wskaźnik powierzchni liści (LAI)

Dane dotyczące indeksu powierzchni liści odnotowane w musztardzie na różnych etapach wzrostu roślin przedstawiono w tabeli 4.4.

Nie stwierdzono istotnej różnicy w indeksie powierzchni liści (LAI) musztardy odnotowanym w 30, 60 i 90 DAS, na co miały wpływ systemy uprawowe w obu latach doświadczeń. Na LAI nie miały również wpływu poziomy nawadniania w 30 i 60 DAS w obu latach. Jednak w 90 DAS, 2 irygacje (I3) wykazały najwyższy poziom LAI, po którym następowało jedno nawadnianie albo w fazie przedkwitnienia, albo wypełniania strąków ciecierzycy. Wszystkie te zabiegi irygacyjne były znacznie lepsze niż brak zabiegów irygacyjnych. Poziomy płodności wykazywały istotne różnice w LAI gorczycy na wszystkich etapach obserwacji. Stosowanie rekomendowanych dawek nawozów obszarowych dla obu upraw (F3) wykazało najwyższe LAI w obu latach i było istotnie wyższe od pozostałych poziomów płodności. Aplikacja 20:40:10 kg N:P2O5 : S /ha (F1) zanotowała najniższy wskaźnik LAI wśród różnych zabiegów w obu latach doświadczenia.

W tabeli 4.4a przedstawiono istotne efekty interakcji pomiędzy systemami upraw, poziomami nawadniania i płodności obserwowane w różnych fazach wzrostu upraw na AWL.

Kombinacje C3 i I3 oraz I3 i F3 przy 30 DAS w pierwszym roku; C1 i F3 oraz I3 i F3 przy 90 DAS w drugim roku odnotowały najwyższy LAI wśród różnych kombinacji.

4.1.1.5 Dni do 50% kwitnienia i dojrzałość fizjologiczna

Dane dotyczące dni do 50% kwitnienia i dojrzałości fizjologicznej podano w tabeli 4.5.

W pierwszym roku doświadczeń (2005-06) systemy uprawowe nie wpłynęły istotnie na dni do 50% kwitnienia, a więc oba systemy uprawowe były ze sobą równorzędne, podczas gdy w drugim roku (2006-07) musztarda międzyplonowa (C3) zajmowała istotnie więcej dni na 50% kwitnienia niż musztarda solna (C1). Poziomy nawadniania nie miały istotnego wpływu na liczbę dni do 50% kwitnienia w obu latach doświadczenia. Dni do 50% w różnych poziomach nawadniania były na tym samym poziomie. Zalecana dawka nawozów na powierzchni dla obu roślin (F3) trwała istotnie dłużej dla 50% kwitnienia w porównaniu z 20:40:10 kg N:P2O5 : S /ha (F1) i 40:60:20 kg N:P2O5 : S /ha (F2), które z kolei były na tym samym poziomie.

Istotne efekty interakcji pomiędzy nawadnianiem a poziomem płodności obserwowanym w dniach do 50% zostały przedstawione w tabeli 4.5a.

Kombinacja I2 i F3 odnotowała dłuższy okres kwitnienia do 50% w porównaniu z innymi kombinacjami, a następnie I1 i F3.

Na fizjologiczną dojrzałość musztardy istotny wpływ miały wszystkie badane w obu latach czynniki. Musztarda międzyplonowa (C3) zajmowała istotnie więcej czasu na dojrzałość fizjologiczną w porównaniu z musztardą solną (C1). 2 nawadniania w fazie przedkwitnienia i w strąkach ciecierzycy (I3), odpowiadające jednemu nawadnianiu w fazie napełniania strąków ciecierzycy (I2), trwały istotnie dłużej w porównaniu z jednym nawadnianiem w fazie przedkwitnienia (I1) i brakiem nawadniania (I0). Również jedno nawadnianie w fazie przedkwitnienia ciecierzycy (I1) trwało istotnie dłużej w fazie dojrzałości fizjologicznej w porównaniu z brakiem nawadniania (I0). Zalecana dawka nawozów na powierzchnię dla obu upraw (F3) odnotowała istotnie dłuższy okres dojrzałości fizjologicznej w porównaniu do wszystkich innych zabiegów. Po nim następowało 40:60:20 kg N:P2O5 : S /ha (F2) i 20:40:10 kg N:P2O5 : S /ha (F1), które z kolei istotnie różniły się od siebie.

4.1.2 Atrybuty wydajności

W tabeli 4.6 przedstawiono dane dotyczące ważnych cech plonu, tj. liczby silikonów z jednej rośliny, liczby nasion z jednego silikonu, plonu nasion z jednej rośliny oraz masy 1000- nasion (g).

4.1.2.1 Liczba silikonów na roślinę

W musztardzie międzyplonowej (C3) liczba silikonów na roślinę była istotnie większa niż w musztardzie solnej (C1) w pierwszym roku doświadczenia. Nie było jednak takiej różnicy między systemami upraw w drugim roku. Zastosowanie 2 nawodnień w fazach przedkwitnienia i wypełnienia strąków ciecierzycy (I3) odnotowało największą liczbę silikonów na roślinę w porównaniu do wszystkich innych zabiegów nawadniających. Dalsze jedno nawadnianie w stadium przedkwitnienia ciecierzycy (I1) odnotowało większą liczbę silikonów na roślinę w porównaniu z jednym nawadnianiem w stadium napełniania strąków ciecierzycy (I2) w drugim roku, podczas gdy w pierwszym roku nie było takiej różnicy. Wszystkie zabiegi nawadniające istotnie przewyższały brak nawadniania w obu latach doświadczenia. Zalecana dawka nawozów na powierzchnię obu roślin (F3) była istotnie wyższa w przeliczeniu na jedną roślinę, a następnie 40:60:20 kg N:P2O5 : S /ha (F2) i 20:40:10 kg N:P2O5 : S /ha (F1), które zbyt istotnie różniły się od siebie.

Istotny wpływ interakcji między nawadnianiem a poziomem płodności zaobserwowany na liczbę krzemianów na roślinie został przedstawiony w tabeli 4.6a.

Kombinacja I3 i F3 odnotowała największą liczbę krzemianów w porównaniu z innymi kombinacjami, a następnie I1 i F3. Najniższą zaobserwowano w I0 i F1 w drugim roku badań, natomiast w pierwszym roku nie zaobserwowano takiego efektu interakcji.

4.1.2.2 Liczba nasion na silikony

Systemy uprawowe w żadnym z lat doświadczeń nie miały istotnego wpływu na liczbę nasion na silikony, a oba systemy rejestrowały nasiona na silikony na równi z nimi. Spośród poziomów nawadniania, jedno nawadnianie w fazie przedkwitnienia ciecierzycy (I1), jedno nawadnianie w fazie napełniania strąków ciecierzycy (I2) i dwa nawadniania w fazie przedkwitnienia i napełniania strąków ciecierzycy (I3), które były na równi z innymi systemami, odnotowały istotnie większą liczbę nasion na jeden silikon w porównaniu z brakiem nawadniania (I0). Również poziom płodności wykazywał istotny wpływ na liczbę nasion na krzemionkę. Zastosowanie zalecanej dawki nawozów na powierzchnię obu upraw (F3) odnotowało istotnie większą liczbę nasion na krzemionkę w porównaniu z pozostałymi zabiegami. Natomiast najniższą liczbę nasion na sylwetkę zanotowano dla dawki 20:40:10 kg N:P2O5 : S /ha (F1).

4.1.2.3 Plon materiału siewnego z rośliny (g)

Systemy uprawowe nie miały istotnego wpływu na plon nasion z rośliny, a oba systemy uprawowe notowały plon nasion z rośliny na równi z innymi. Spośród poziomów nawadniania, stosowanie 2 nawadniania w fazie przedkwitnienia i wypełnienia strąków ciecierzycy (I3) oraz jednego nawadniania w fazie wypełnienia strąków ciecierzycy (I2) na równi z innymi odnotowało istotnie wyższy plon nasion z rośliny w porównaniu z jednym nawadnianiem w fazie przedkwitnienia ciecierzycy (I1). Ponadto wszystkie poziomy nawadniania były istotnie wyższe niż brak nawadniania (I0) w obu latach doświadczenia. Również poziom nawozu miał liniowy i istotny wpływ na plon nasion z rośliny. Zalecana dawka nawozów na glebę dla obu roślin (F3) wykazała istotnie wyższy plon nasion z rośliny, a następnie 40:60:20 kg N:P2O5 : S /ha (F2) i 20:40:10 kg N:P2O5 : S /ha (F1). Różniły się one znacząco od siebie.

Istotny wpływ interakcji pomiędzy systemami upraw, poziomami nawadniania i płodności obserwowany na plon nasion gorczycy z jednej rośliny został przedstawiony w tabeli 4.6 b.

Kombinacje C1 i I3 tylko w pierwszym roku oraz kombinacje I2 i F3 w pierwszym roku i I3 i F3 w drugim roku wykazały najwyższy plon nasion z rośliny spośród różnych kombinacji.

4.1.2.4 1000-waga nasion (g)

Na masę 1000 nasion gorczycy istotny wpływ miały zabiegi systemu uprawowego w obu latach doświadczeń. Poziom nawadniania i płodności miał pozytywny wpływ na masę 1000 nasion. Zastosowanie jednego lub dwóch nawodnień w różnych stadiach rozwoju ciecierzycy w stosunku do braku nawodnień (I0) wykazało istotnie większą masę 1000 nasion. Przy wzroście poziomu nawozu istotnie zwiększała się masa nasion gorczycy. Największą masę nasion obserwowano przy zalecanej dawce nawozów na powierzchnię zarówno dla roślin (F3), jak i najmniejszej przy zastosowaniu 20:40:10 kg N:P2O5 : S /ha (F1).

4.1.3 Wskaźnik wydajności i zbiorów

Dane dotyczące plonu nasion, wydajności łodyg i wskaźnika zbioru gorczycy w zależności od systemów upraw, poziomu nawadniania i płodności przedstawiono w tabeli 4.7.

4.1.3.1 Wydajność materiału siewnego (kg/ha)

Na plon nasion gorczycy istotny wpływ miały wszystkie wypróbowane zabiegi. Między gorczycą jedyną (C1) a gorczycą międzyplonową (C3), gorczyca jedyna (C1) odnotowała istotnie wyższy plon nasion w porównaniu z gorczycą międzyplonową (C3). Spadek plonu gorczycy międzyplonowej wyniósł 58,9 i 60,0% odpowiednio w pierwszym i drugim roku, w porównaniu z gorczycą międzyplonową. Poziomy nawadniania miały również istotny wpływ na plon nasion gorczycy. Jedna irygacja w fazie przedkwitnienia ciecierzycy (I1), jedna irygacja w fazie napełniania strąków ciecierzycy (I2) i dwie irygacje w fazie przedkwitnienia i napełniania strąków ciecierzycy (I3) odnotowały wzrost plonu nasion odpowiednio o 4,7, 12,2 i 11,3% w pierwszym roku i 8,24, 12,15 i 15,05% w drugim roku. I3 i I2 będące na równi z I1 i I0 odnotowały istotnie wyższe plony niż I1 i I0, które różniły się istotnie między sobą.

Zastosowanie rekomendowanej dawki nawozów na glebę w obu uprawach (F3) zanotowało istotnie wyższy plon nasion w stosunku do 40:60:20 kg N:P2O5 : S / ha (F2), a zwrot istotnie wyższy w stosunku do 20:40:10 kg N:P2O5 : S / ha (F1). Ilościowy wzrost plonu nasion z powodu F2 i F3 w stosunku do F1 wyniósł odpowiednio 10,6 i 16,6% w pierwszym roku oraz 9,73 i 20,31% w drugim roku (rysunek 4.3).

Istotny wpływ interakcji pomiędzy systemami upraw, poziomami nawadniania i płodności obserwowany na plon nasion gorczycy został przedstawiony w tabeli 4.7a.

Kombinacje C1 i I3 oraz C1 i F3 w obu latach oraz I2 i F3 w drugim roku wykazały najwyższy plon nasion spośród różnych kombinacji.

4.1.3.2 Wydajność łodygi (kg/ha)

Również wydajność łodygi była pod dużym wpływem różnych zabiegów. Stwierdzono istotny spadek plonu łodyg gorczycy w gorczycy międzyplonowej (C3) w stosunku do gorczycy solnej (C1) o 60,3 i 60,1% w pierwszym i drugim roku badań. Poziom nawożenia i nawadniania nie miał istotnego wpływu na plon łodygi gorczycy w żadnym z lat doświadczenia (rys. 4.4).

Istotny wpływ interakcji pomiędzy systemami upraw, poziomami nawadniania i płodnością obserwowany na wydajność łodyg gorczycy został przedstawiony w tabeli 4.7b.

Kombinacje C1 i I0, C1 i F1 oraz I0 i F1 odnotowały najwyższy plon szypułek spośród różnych kombinacji w pierwszym roku badań, natomiast w drugim roku nie zaobserwowano takich efektów interakcji.

4.1.3.3 Wskaźnik zbiorów (%)

Systemy uprawowe nie miały istotnego wpływu na wskaźnik zbioru. Poziomy nawadniania wpływały istotnie na wskaźnik plonu w obu latach badań. Zastosowanie 2 nawodnień w fazie przedkwitnienia i w fazie napełniania strąków ciecierzycy (I3) na równi z jednym nawadnianiem w fazie napełniania strąków ciecierzycy (I2) wykazało istotnie wyższy wskaźnik zbioru niż jedno nawadnianie w fazie przedkwitnienia (I1) i brak nawodnień (I0). Jedno nawadnianie w fazie przedkwitnienia ciecierzycy ciecierzycy (I1) również wykazywało istotnie wyższy wskaźnik zbioru w porównaniu z brakiem nawadniania (I0). Rekomendowana dawka nawozów na powierzchnię dla obu upraw (F3) odnotowała istotnie wyższy wskaźnik zbioru w porównaniu z 40:60:20 kg N:P2O5 : S /ha (F2) i 20:40:10 kg N:P2O5 : S /ha (F1), które różniły się istotnie między sobą (rysunek 4.5).

4.1.4 Zawartość i pobór składników odżywczych

4.1.4.1 Zawartość N, P i S w nasionach (%)

Dane dotyczące zawartości N, P i S w materiale siewnym gorczycy w zależności od systemów uprawowych oraz poziomu nawadniania i płodności przedstawiono w tabeli 4.8.

Systemy uprawy nie miały istotnego wpływu na zawartość N w nasionach. Zarówno gorczyca solna (C1), jak i gorczyca międzyplonowa (C3) odnotowały zawartość N w nasionach na równi ze sobą. Poziomy nawadniania wpływały istotnie na zawartość N w nasionach w obu latach doświadczenia. W pierwszym roku jedno nawadnianie w fazie napełniania strąków ciecierzycy (I2) i dwa nawadnianie w fazie przedkwitnienia i w fazie napełniania strąków ciecierzycy (I3), które były na równi z innymi, odnotowały istotnie wyższą zawartość N w nasionach gorczycy w porównaniu z jednym nawadnianiem w fazie przedkwitnienia ciecierzycy (I1) i brakiem nawadniania (I0). W drugim roku wszystkie poziomy nawadniania w fazie równoległej odnotowały istotnie wyższą zawartość N w nasionach gorczycy w porównaniu z brakiem nawadniania (I0). Wszystkie poziomy płodności wykazywały istotnie różną zawartość N w nasionach. Najwyższą zawartość N odnotowano w zalecanej dawce nawozów na powierzchnię dla obu roślin (F3), a najniższą w 20:40:10 kg N:P2O5 : S /ha (F1).

Istotny wpływ interakcji pomiędzy systemami upraw, poziomami nawadniania i płodności obserwowany na zawartość N w nasionach przedstawiono w tabeli 4.8a.

Kombinacje C3 i I3, C3 i F3 oraz I3 i F3 odnotowały najwyższą zawartość N w nasionach gorczycy wśród różnych kombinacji w pierwszym roku doświadczenia, podczas gdy w drugim roku nie zaobserwowano takich efektów interakcji.

Zawartość P w nasionach jest znacznie wyższa w gorczycy uprawianej międzyplonowo (C3) w porównaniu z gorczycą jedyną (C1) w pierwszym roku, w którym zarówno gorczyca jedyna (C1), jak i gorczyca międzyplonowa (C3) były na równi w drugim roku. Wszystkie poziomy nawadniania będące na równi z innymi odnotowały znacznie wyższą zawartość P w nasionach musztardy w porównaniu z brakiem nawadniania (I0). Również w tym przypadku zalecana dawka nawozów na glebę dla obu upraw (F3) rejestrowała istotnie większą zawartość P w nasionach gorczycy w porównaniu z 40:60:20 kg N:P2O5 : S/ha (F2), co z kolei istotnie przewyższało 20:40:10 kg N:P2O5 : S /ha (F1).

Istotny wpływ interakcji pomiędzy systemami upraw i poziomami nawadniania zaobserwowanymi w zakresie zawartości P w nasionach gorczycy został przedstawiony w tabeli 4.7b.

Kombinacje C3 i I1 odnotowały najwyższą zawartość P w nasionach spośród różnych kombinacji w pierwszym roku doświadczenia, natomiast w drugim roku nie zaobserwowano takich efektów interakcji.

Systemy uprawowe nie miały istotnego wpływu na zawartość S w nasionach. Tak więc zarówno gorczyca solna (C1), jak i międzyplonowa (C3) odnotowały zawartość S w nasionach na równi z innymi w obu latach doświadczenia. Spośród poziomów nawadniania, 2 nawadniania w fazie przedkwitnienia i podsypywania strąków ciecierzycy (I3) odnotowały istotnie wyższą zawartość S w nasionach. Jedno nawadnianie w fazie przedkwitnienia ciecierzycy (I1) i jedno nawadnianie w fazie napełniania strąków ciecierzycy (I2) na równi z drugim odnotowały istotnie wyższą zawartość S w nasionach w porównaniu z brakiem nawadniania (I0). Stwierdzono istotny i dodatni wzrost zawartości S w nasionach w zakresie poziomów płodności z 20:40:10 kg N:P2O5 : S /ha (F1) do 40:60:20 kg N:P2O5 : S /ha (F2) do zalecanej dawki nawozów na powierzchni dla obu upraw (F3).

4.1.4.2 Zawartość N, P i S w łodydze (%)

Dane dotyczące zawartości N, P i S w łodydze gorczycy w zależności od systemów upraw i poziomu nawodnienia i płodności przedstawiono w tabeli 4.9.

Systemy uprawowe nie miały znaczącego wpływu na zawartość N, P i S w łodydze gorczycy. Tak więc zarówno musztarda solna (C1), jak i międzyplonowa (C3) odnotowywały w obu latach doświadczenia wartości zawartości N, P i S w łodydze na równi z nimi. Poziomy nawadniania miały różny wpływ na zawartość N, P i S w łodydze. Wszystkie poziomy nawadniania przy parze rejestrowały istotnie wyższe wartości N, P i S w łodydze w porównaniu z brakiem nawadniania (I0) w obu latach. Podobną tendencję zaobserwowano w odniesieniu do zawartości P w łodydze w pierwszym roku. Natomiast w drugim roku wszystkie poziomy nawadniania były na tym samym poziomie w odniesieniu do zawartości P w łodydze. Zawartość S w łodydze, przy wszystkich poziomach nawadniania, była istotnie wyższa w porównaniu z brakiem nawadniania (I0). Poziomy żyzności 20:40:10 kg N:P2O5 : S /ha (F1) , 40:60:20 kg N:P2O5 : S /ha (F2) oraz zalecana dawka nawozów na powierzchni dla obu upraw (F3) liniowo zwiększały zawartość N, P i S w łodydze i istotnie różniły się od siebie. Najniższe wartości występowały w F1, a najwyższe w F3.

Obserwowany znaczący wpływ interakcji pomiędzy systemami upraw, poziomami nawadniania i płodnością na zawartość N i S w łodydze musztardy.

Kombinacje C1 i F3 wykazały najwyższą zawartość N w łodydze wśród różnych kombinacji w pierwszym roku doświadczenia, podczas gdy w drugim roku nie zaobserwowano takich efektów interakcji.

Kombinacja C3 i F3 w obu latach oraz I3 i F3 w drugim roku odnotowała znacznie wyższą zawartość S w łodydze musztardy.

4.1.4.3 Całkowity pobór N, P i S (kg/ha)

Dane dotyczące całkowitej absorpcji N, P i S przez musztardę w zależności od systemów upraw, nawadniania i płodności przedstawiono w tabeli 4.10, a graficznie na rysunkach 4.6-4.8.

Jedyna musztarda (C1) odnotowała istotnie wyższe pobranie N, P i S w porównaniu z musztardą międzyplonową (C3) w obu latach doświadczenia. Również poziomy nawadniania miały istotny wpływ na całkowite pobranie N, P i S. W pierwszym roku odnotowano istotnie wyższe całkowite pobranie N w porównaniu z jednym nawadnianiem w fazie przedkwitnienia ciecierzycy ciecierzycy (I2) i dwoma nawadnianiami w fazie przedkwitnienia i w fazie napełniania strąków ciecierzycy (I3), które z kolei odnotowały istotnie wyższe całkowite pobranie N w porównaniu z brakiem nawadniania (I0).

Jednak w drugim roku wszystkie poziomy nawadniania (I1, I2 i I3) będące na równi ze sobą odnotowały znacząco wyższy całkowity N w porównaniu z I0. Całkowity pobór P również wykazywał podobną tendencję jak całkowity pobór N w obu latach. Całkowity pobór S był najwyższy w I3, a tuż za nim plasował się I2. Jednakże wszystkie poziomy nawadniania (I1, I2 i I3) odnotowały znacznie wyższy całkowity pobór S w porównaniu z I0. Całkowity pobór N, P i S był istotnie wyższy w F3 niż w F2, a F2 był istotnie wyższy niż F1 w obu latach badań.

Istotne efekty interakcji pomiędzy systemami upraw, poziomami nawadniania i płodności obserwowane na absorpcji N, P i S przez musztardę zostały przedstawione w tabeli 4.10a, b i c.

Kombinacje C1 i I2, w pierwszym roku, C1 i I3 w drugim roku; C1 i F3 w obu latach odnotowały najwyższy pobór N spośród różnych kombinacji (tabela 4.10a). Pobór P był najwyższy w kombinacjach C1 i I3, a C1 i F3 w obu latach prowadzenia doświadczeń (tabela 4.10b). Pobór S był najwyższy w kombinacjach C1 i F3 tylko w pierwszym roku (tabela 10c).

4.1.5 Zawartość oleju (%) i wydajność oleju (kg/ha)

Dane o zawartości oleju w nasionach i plonie gorczycy w zależności od systemów uprawowych oraz poziomów nawadniania i płodności przedstawiono w tabeli 4.11, a graficznie na rysunkach 4.9 i 4.10.

Systemy uprawy nie miały wpływu na zawartość oleju w nasionach gorczycy. I zarówno musztarda solna, jak i międzyplonowa odnotowywały wartości na równi z innymi. Chociaż poziom nawadniania (I1, I2 i I3) był istotnie wyższy niż I0 w obu latach, I2 odnotował najwyższą zawartość oleju w pierwszym roku, a I3 najwyższą w drugim. Spośród poziomów żyzności, zalecana dawka nawozów na bazie powierzchniowej dla obu upraw (F3) odnotowała najwyższą zawartość oleju, podczas gdy 20:40:10 kg N:P2O5 : S /ha (F1) odnotowała najniższą zawartość gleby w nasionach gorczycy.

Najwyższy plon olejowy gorczycy zaobserwowano w musztardzie solnej (C1) w porównaniu z gorczycą międzyplonową (C3). Najwyższy plon olejku uzyskano dzięki nawadnianiu w I2, a następnie w I3 i oba były istotnie wyższe od I1, który w pierwszym roku był istotnie wyższy od I0. W drugim roku wszystkie poziomy nawadniania (I1, I2 i I3), będące na równi z I0, były istotnie wyższe od I1. Plon olejku wykazywał tendencję wzrostową, przy czym wszystkie poziomy płodności wykazywały istotne różnice między nimi. Rząd wyższości wynosił F3>F2>F1.

Istotne efekty interakcji pomiędzy systemami upraw, poziomami nawadniania i płodnością obserwowane na plonie gorczycy olejowej zostały przedstawione w tabeli 4.11a.

Kombinacje C1 i I3 oraz C1 i F3 w trakcie obu lat oraz I2 i F3 w trakcie pierwszego roku oraz I3 i F3 w trakcie drugiego roku wykazały najwyższą wydajność ropy spośród różnych kombinacji.

4.2 Ciecierzyca

4.2.1 Atrybuty wzrostu

4.2.1.1 Wysokość roślin

Dane dotyczące wysokości roślin ciecierzycy w zależności od systemów upraw, poziomu nawadniania i płodności zostały przedstawione w tabeli 4.12 oraz graficznie na rysunku 4.11.

Na wysokość roślin ciecierzycy nie miał istotny wpływ system uprawy w różnych fazach wzrostu roślin w obu latach doświadczenia, z wyjątkiem 60 DAS w pierwszym roku, w którym ciecierzyca międzyplonowa (C3) odnotowała istotnie wyższą wysokość roślin w porównaniu z ciecierzycą jednoroczną (C2). Poziomy nawadniania nie miały wpływu na wysokość roślin przy 30 DAS. Jednak w późniejszych fazach miały one istotny wpływ na wysokość rośliny. W 60 DAS jedno nawadnianie w fazie przedkwitnienia ciecierzycy (I1) odnotowało najwyższą wysokość rośliny, a następnie dwa nawadniania w fazie przedkwitnienia i w stadiach zasypywania strąków ciecierzycy (I3) i oba były istotnie lepsze od pozostałych zabiegów. Przy 90 DAS, a także przy zbiorze, I1 i I3 znajdujące się na poziomie równym I2 odnotowały istotnie większą wysokość roślin niż I2. Również w tych stadiach I2 odnotowała istotnie większą wysokość roślin w porównaniu z I0. Poziomy płodności miały różny wpływ na wysokość roślin ciecierzycy. W 30DAS i przy zbiorze w pierwszym roku oraz w 30, 60 i 90 DAS w drugim roku nie zaobserwowano istotnego wpływu poziomu płodności. W pozostałych fazach zalecana dawka nawozów na powierzchnię obu upraw (F3) miała istotnie wyższy wzrost roślin w porównaniu z pozostałymi zabiegami płodności, które były nawożone na równi z nimi.

Istotny wpływ interakcji pomiędzy systemami upraw, poziomami nawadniania i płodności obserwowany na wysokość roślin ciecierzycy został przedstawiony w tabeli 4.12a.

Kombinacje I1 i F3 przy 60 DAS oraz C3 i I2 przy 90 DAS w pierwszym roku; I1 i F3 przy 90 DAS w obu latach; I2 i F3 w pierwszym roku oraz I3 i F3 w drugim roku przy zbiorze odnotowały najwyższą wysokość roślin spośród różnych kombinacji.

4.2.1.2 Liczba oddziałów na zakład

W tabeli 4.13. przedstawiono dane dotyczące liczby gałęzi na roślinę ciecierzycy w zależności od systemów uprawy, poziomu nawodnienia i płodności.

Systemy uprawy nie miały zróżnicowanego wpływu na liczbę rozgałęzień na roślinie ciecierzycy w stadiach wzrostu upraw w obu latach doświadczenia, z wyjątkiem 60 DAS w pierwszym roku. W tym przypadku ciecierzyca międzyplonowa (C3) odnotowała istotnie większą liczbę rozgałęzień na roślinie w porównaniu z ciecierzycą jednoroczną (C2). Na liczbę gałęzi przypadających na jedną roślinę w 30 DAS w pierwszym roku oraz 30 i 60 DAS w drugim roku istotny wpływ miały poziomy nawodnienia i płodności. W pozostałych fazach jedno nawadnianie w fazie napełniania strąków ciecierzycy (I2) w 60 i 90 DAS w pierwszym roku oraz 90 DAS w drugim roku odnotowało najwyższą liczbę gałęzi na roślinę, a następnie 2 nawadnianie w fazie przedkwitnienia i napełniania strąków ciecierzycy (I3). W czasie zbiorów I3 w pierwszym roku, I1 w drugim roku odnotowała najwyższą liczbę rozgałęzień na roślinę, natomiast w przypadku braku nawadniania (I0) odnotowano najniższą liczbę rozgałęzień. Rekomendowana dawka nawozów w przeliczeniu na powierzchnię dla obu upraw (F3) odnotowała istotnie większą liczbę rozgałęzień na roślinie w 60, 90 DAS i przy zbiorze w pierwszym roku oraz 90 DAS i przy zbiorze w drugim roku w porównaniu z 40:60:20 kg N:P2O5 : S /ha (F2) i 20:40:10 kg N:P2O5 : S /ha (F1), które były na równi z nimi.

W tabeli 4.13a przedstawiono istotne efekty interakcji pomiędzy systemami upraw, poziomami nawadniania i płodności obserwowane na liczbie gałęzi na roślinie ciecierzycy.

Kombinacje I1 i F3 przy 60 DAS oraz C3 i I2 przy 90 DAS w pierwszym roku; I1 i F3 przy 90 DAS w obu latach; C3 i I2 przy zbiorze w pierwszym roku; I3 i F3 w pierwszym roku oraz I3 i F1 w drugim roku przy zbiorze odnotowały największą liczbę gałązek ciecierzycy w każdej roślinie spośród różnych kombinacji.

4.2.1.3 Akumulacja suchej masy (g/roślina)

Dane dotyczące akumulacji suchej masy na roślinę ciecierzycy w zależności od systemów upraw, poziomu nawadniania i płodności zostały przedstawione w tabeli 4.14 i graficznie na rysunku 4.12.

Systemy uprawowe miały zmienny wpływ na akumulację suchej masy na roślinę ciecierzycy. W pierwszym roku uprawy ciecierzycy wielokwiatowej (C3) odnotowano istotnie większe nagromadzenie suchej masy we wszystkich stadiach z wyjątkiem 30 DAS. Natomiast w drugim roku nie stwierdzono istotnego wpływu systemów uprawy na akumulację suchej masy w żadnym z etapów. W 30 DAS nie stwierdzono istotnego wpływu na gromadzenie się suchej masy w wyniku nawadniania. Przy 60 DAS, I2 był wyższy w porównaniu z innymi zabiegami. W czasie zbiorów, I3 w pierwszym roku i I2 w drugim roku notowały istotnie większą akumulację suchej masy. Najniższą akumulację suchej masy zaobserwowano przy braku nawadniania (I0). Poziomy płodności nie miały istotnego wpływu na akumulację suchej masy w 30 DAS w obu latach i 60 DAS w drugim roku. W pozostałych fazach F3 odnotowała istotnie większą akumulację suchej masy ciała w porównaniu z F1.

W tabeli 4.14a przedstawiono istotne efekty interakcji pomiędzy systemami upraw, poziomami nawadniania i płodności obserwowane na akumulację suchej masy na roślinie ciecierzycy.

Kombinacje I1 i F3 w pierwszym roku przy 60 DAS; I3 i F2 w pierwszym roku oraz I1 i F3 w drugim roku przy 90 DAS w obu latach; I3 i F2 w pierwszym roku; I1 i F3 w drugim roku przy zbiorze odnotowały najwyższą akumulację suchej masy na roślinę ciecierzycy w różnych kombinacjach.

4.2.1.4 Wskaźnik powierzchni liści (LAI)

Dane dotyczące wskaźnika powierzchni liści ciecierzycy w przeliczeniu na roślinę, na który wpływ mają systemy upraw, poziom nawadniania i płodność zostały przedstawione w tabeli 4.15 oraz graficznie na rysunku 4.13.

Indeks powierzchni liści ciecierzycy ciecierzycy w obu latach badań istotnie wpływał na systemy uprawowe. Zarówno ciecierzyca jednogatunkowa (C2), jak i międzyplonowa (C3) odnotowały indeks powierzchni liści na równi z innymi. Poziomy nawadniania nie miały wpływu na wskaźnik powierzchni liści przy 30 DAS w obu latach. Jednak przy 60 i 90 DAS miały one istotny wpływ na wskaźnik powierzchni liści. Jedno nawadnianie w fazie przedkwitnienia ciecierzycy (I1) odnotowało najwyższy wskaźnik powierzchni liści przy 60 DAS, a dwa nawadniania w fazie przedkwitnienia i napełnienia strąków ciecierzycy (I3) odnotowały wyższy wskaźnik LAI przy 90 DAS w pierwszym roku. W drugim roku jedno nawadnianie w fazie przedkwitnienia ciecierzycy (I1) odnotowało wyższy wskaźnik powierzchni liści zarówno w 60 DAS, jak i 90 DAS. Również poziom płodności nie miał wpływu na LAI w różnych fazach wzrostu, z wyjątkiem 90 DAS w drugim roku, kiedy to zalecana dawka nawozów na podstawie powierzchni obu roślin (F3) odnotowała istotnie wyższy LAI powyżej 40:60:20 kg N:P2O5 : S /ha (F2) i 20:40:10 kg N:P2O5 : S /ha (F1), które były nawożone na równi z nimi.

Istotny wpływ interakcji pomiędzy poziomami nawodnień i płodności obserwowanymi na LAI ciecierzycy w 60 DAS został przedstawiony w tabeli 4.15a.

Kombinacje I1 i F3 odnotowały najwyższy wskaźnik LAI ciecierzycy wśród różnych kombinacji.

4.2.1.5 Dni do 50% kwitnienia i dojrzałość fizjologiczna

Dane dotyczące liczby dni do 50% i dojrzałości fizjologicznej ciecierzycy ciecierzycy w zależności od systemów upraw, poziomu nawodnienia i płodności zostały przedstawione w tabeli 4.16 oraz graficznie na rysunkach 4.14 i 4.15.

Dni do 50% dojrzałości nie miały znaczącego wpływu na systemy uprawowe, nawadnianie i poziom płodności w obu latach badań. Na dni do osiągnięcia dojrzałości fizjologicznej nie miały również wpływu systemy uprawowe i poziom płodności w obu latach badań. Jednak poziom nawadniania miał istotny wpływ na dojrzałość fizjologiczną. Zastosowanie 2 nawodnień w fazie przedkwitnienia i wypełnienia strąków ciecierzycy (I3) wykazało dłuższy okres fizjologicznej dojrzałości, po którym nastąpiło jedno nawodnienie w fazie wypełniania strąków ciecierzycy (I2) i jedno nawodnienie w fazie przedkwitnienia (I1). Wszystkie poziomy nawadniania miały istotnie dłuższy okres fizjologicznej dojrzałości w porównaniu z brakiem nawadniania (I0).

Istotne efekty interakcji pomiędzy systemami upraw i poziomami nawadniania obserwowanymi w dniach do fizjologicznej dojrzałości ciecierzycy zostały przedstawione w tabeli 4.16a.

Kombinacje C1 i I3 odnotowały najdłuższy okres dojrzałości fizjologicznej ciecierzycy ciecierzycy wśród różnych kombinacji.

4.2.2 Atrybuty wydajności

W tabeli 4.17. przedstawiono dane dotyczące istotnych cech plonowania ciecierzycy, tj. liczby strąków z rośliny, plonu nasion z rośliny (g) i masy 100 nasion (g), na które wpływ mają systemy upraw, nawadnianie i poziom płodności.

4.2.2.1 Liczba strąków na roślinę

Istotny wpływ na liczbę strąków na roślinę miały systemy uprawowe. Ciecierzyca międzyplonowa (C3) odnotowała istotnie większą liczbę strąków na roślinę w obu latach badań. Wśród poziomów nawadniania 2 nawadniania w fazie przedkwitnienia i wypełnienia strąków ciecierzycy (I3) odnotowano istotnie więcej strąków na roślinę w porównaniu z innymi zabiegami. Jedno nawadnianie w fazie przedkwitnienia ciecierzycy ciecierzycy (I1) było porównywalne z jednym nawadnianiem w fazie napełniania strąków ciecierzycy (I2) i oba były istotnie lepsze niż brak nawadniania (I0). Poziomy płodności miały istotny wpływ na liczbę strąków na roślinie w pierwszym roku, gdzie 40:60:20 kg N:P2O5 : S /ha (F2) i zalecana dawka nawozów na podstawie powierzchni dla obu roślin (F3) będących na równi z rośliną odnotowały istotnie wyższe strąki na roślinę w porównaniu z 20:40:10 kg N:P2O5 : S /ha (F1). W drugim roku nie zaobserwowano takiej różnicy ze względu na poziom żyzności.

4.2.2.2 Plon materiału siewnego z rośliny (g)

Na plon nasion z jednej rośliny istotny wpływ miały wszystkie zestawy zabiegów. Ciecierzyca międzyplonowa (C3) charakteryzowała się istotnie wyższym plonem nasion z rośliny w porównaniu z ciecierzycą pojedynczą (C2). Spośród poziomów nawadniania, 2 nawadniania w fazie przedkwitnienia i podsypywania ciecierzycy (I3) charakteryzowały się najwyższym plonem nasion z rośliny w porównaniu z pozostałymi zabiegami. Ponadto wszystkie poziomy nawadniania odnotowały znacznie wyższe plony niż w przypadku braku nawadniania (I0). Również poziom płodności miał istotny wpływ na plon nasion. Zalecana dawka nawozów na glebę dla obu roślin (F3) wykazała najwyższy plon, a 20:40:10 kg N:P2O5 : S /ha (F1) najmniejszy plon nasion z rośliny.

4.2.2.3 100 masa nasion (g)

Na masę 100 nasion ciecierzycy w żadnym z lat badań nie wpłynęła istotnie żadna z zabiegów. Jednakże poziom nawadniania odnotował wyższą masę 100 nasion w porównaniu z brakiem nawadniania (I0), natomiast zalecana dawka nawozów na powierzchni w obu uprawach (F3) odnotowała wyższą masę 100 nasion w porównaniu z 40:60:20 kg N:P2O5 : S /ha (F2), która odnotowała wyższe wartości w stosunku do 20:40:10 kg N:P2O5 : S /ha (F1).

4.2.3 Wskaźnik wydajności i zbiorów

Dane na temat wydajności materiału siewnego (kg/ha), wydajności pieca (kg/ha) i wskaźnika plonu (%), na które wpływają systemy upraw, poziomy nawadniania i płodność, przedstawiono w tabeli 4.18.

4.2.3.1 Wydajność materiału siewnego (kg/ha)

Systemy uprawowe nie miały istotnego wpływu na plon nasion. Zarówno ciecierzyca jednogatunkowa (C2), jak i międzyplonowa (C3) notowały plon na równi z innymi. Spośród poziomów nawadniania, 2 nawadniania w fazie przedkwitnienia i podsypywania ciecierzycy (I3) odnotowały istotnie wyższy plon nasion w porównaniu do wszystkich pozostałych zabiegów. Jedno nawadnianie w fazie przedkwitnienia ciecierzycy ciecierzycy (I1) i jedno nawadnianie w fazie napełniania strąków ciecierzycy (I2) na równi z drugim odnotowały istotnie wyższy plon w porównaniu z brakiem nawadniania (I0). Zalecana dawka nawozów na powierzchnię dla obu roślin (F3), przy 40:60:20 kg N:P2O5 : S /ha (F2), w obu latach badań, notowała istotnie wyższy plon nasion niż 20:40:10 kg N:P2O5 : S /ha (F1) (rysunek 4.16).

Istotny wpływ interakcji pomiędzy poziomami nawadniania i płodności obserwowanymi na plon nasion ciecierzycy przedstawiono w tabeli 4.18a. Kombinacje I3 i F3 odnotowały najwyższy plon nasion ciecierzycy wśród różnych kombinacji tylko w pierwszym roku.

4.2.3.2 Wydajność pieca (kg/ha)

Wydajność pietruszki była istotnie wyższa u ciecierzycy pojedynczej (C2) w pierwszym roku badań, podczas gdy zarówno ciecierzyca pojedyncza (C2), jak i międzyplonowa (C3) notowały w drugim roku wydajność pietruszki na równi ze sobą. W dwóch irygacjach w fazie przedkwitnienia i napełnienia strąków ciecierzycy (I3) odnotowano najwyższą wydajność pietruszki. Jedno nawadnianie w fazie przedkwitnienia ciecierzycy ciecierzycy (I1) i jedno nawadnianie w fazie napełniania strąków ciecierzycy (I2) na równi z drugim odnotowały istotnie wyższy uzysk z pieca niż w przypadku braku nawadniania (I0). Zalecana dawka nawozów na powierzchni zarówno dla roślin (F3), jak i 40:60:20 kg N:P2O5 : S /ha (F2) znajdujących się na równi z innymi roślinami, odnotowała istotnie wyższy plon międzywęglowy niż 20:40:10 kg N:P2O5 : S /ha (F1) w pierwszym roku. Jednak takich różnic w poziomach płodności nie zaobserwowano w plonie pieca w drugim roku (rysunek 4.17).

4.2.3.3 Wskaźnik zbiorów (%)

Ciecierzyca międzyplonowa (C3) odnotowała istotnie wyższy wskaźnik zbioru w pierwszym roku, podczas gdy w drugim roku nie było takiej różnicy między systemami uprawy. W 2 nawadnianiach w fazie przedkwitnienia i wypełnienia strąków ciecierzycy (I3) odnotowano istotnie wyższy wskaźnik zbioru w porównaniu do wszystkich pozostałych zabiegów. Jedno nawadnianie w fazie przedkwitnienia ciecierzycy ciecierzycy (I1) i jedno nawadnianie w fazie napełniania strąków ciecierzycy (I2) były na poziomie porównywalnym z innymi zabiegami, a wskaźnik zbioru był istotnie wyższy w porównaniu z brakiem nawadniania (I0). Istotnie różniące się od siebie poziomy płodności wykazywały przewagę rzędu F3>F2 >F1 w odniesieniu do wskaźnika zbioru (rys. 4.18).

Istotny wpływ interakcji pomiędzy poziomami nawadniania i płodności obserwowanymi na wskaźnik zbioru ciecierzycy przedstawiono w tabeli 4.18b. Kombinacje I3 i F3 odnotowały najwyższy wskaźnik zbioru ciecierzycy wśród różnych kombinacji w obu latach.

4.2.4 Zawartość i pobór składników odżywczych

4.2.4.1 Zawartość N, P i S w nasionach (%)

Dane dotyczące zawartości N, P i S w nasionach ciecierzycy w zależności od systemów upraw, poziomu nawodnienia i płodności przedstawiono w tabeli 4.19.

Systemy uprawowe nie miały wpływu na zawartość N, P i S w nasionach ciecierzycy w obu latach badań. Oba systemy uprawowe były ze sobą równorzędne. Wszystkie poziomy nawadniania, które były ze sobą równorzędne, charakteryzowały się istotnie wyższą zawartością N w nasionach ciecierzycy w porównaniu z brakiem nawadniania (I0) w obu latach badań. Podobną tendencję zaobserwowano w odniesieniu do P w pierwszym roku i S w obu latach badań. Jednak na zawartość P w nasionach w drugim roku nie miały wpływu poziomy nawadniania. Zastosowanie zalecanej dawki nawozów na glebę w obu uprawach (F3) wykazało istotnie większą zawartość N, P i S w nasionach w porównaniu z 20:40:10 kg N:P2O5 : S /ha (F1). Zastosowanie 40:60:20 kg N:P2O5 : S /ha (F2) wykazywało istotnie większą zawartość N, P i S w nasionach w porównaniu z F1.

4.2.4.2 Zawartość N, P i S w łodydze (%)

Dane dotyczące zawartości N, P i S w piecu ciecierzycy w zależności od systemów upraw, poziomu nawadniania i płodności przedstawiono w tabeli 4.20.

Na zawartość N, P i S w piecu nie miał istotny wpływ żaden z zabiegów w obu latach badań. Zarówno ciecierzyca jednogatunkowa (C2), jak i międzyplonowa (C3) były ze sobą równorzędne. Zastosowanie 2 nawadniania w fazie przedkwitnienia i napełnienia strąków ciecierzycy (I3) wykazało najwyższą zawartość N, P i S w piecu ciecierzycy, natomiast brak nawadniania (I0) spowodował najniższą zawartość N, P i S w piecu ciecierzycy. Zawartość N, P i S w łodydze ciecierzycy ciecierzycy stwierdzono wyższą w obu latach badań, rzędu F3>F2 >F1.

Istotny wpływ interakcji pomiędzy systemami upraw, poziomami nawadniania i płodności obserwowany na zawartość S w łodydze ciecierzycy został przedstawiony w tabeli 4.20a.

Kombinacje C3 i F3 ; I2 i F3 odnotowały najwyższą zawartość S w łodydze ciecierzycy siewnej wśród różnych kombinacji tylko w pierwszym roku.

4.2.4.3 Całkowity pobór N, P i S (kg/ha)

Dane dotyczące całkowitej absorpcji N, P i S przez ciecierzycę w zależności od systemów upraw, poziomów nawadniania i płodności przedstawiono w tabeli 4.21.

Całkowity pobór N nie miał znaczącego wpływu na systemy upraw w obu latach badań. Całkowity pobór P był istotnie wyższy w pierwszym roku u ciecierzycy pojedynczej (C2) w porównaniu z ciecierzycą międzyplonową (C3). W drugim roku oba systemy uprawy były ze sobą równorzędne. Tendencję podobną do całkowitej absorpcji P zaobserwowano w całkowitej absorpcji S z powodu systemów upraw. Spośród poziomów nawadniania, 2 nawadniania w fazie przedkwitnienia i na etapie napełniania strąków ciecierzycy (I3) odnotowały istotnie wyższy całkowity pobór N, P i S w obu latach w porównaniu z resztą zabiegów. Najmniejszy całkowity pobór N, P i S odnotowano w przypadku braku nawadniania (I0). Najwyższy pobór całkowity N, P i S odnotowano w zalecanej dawce nawozów na powierzchnię dla obu roślin (F3), a następnie 40:60:20 kg N:P2O5 : S /ha (F2). Najmniejszy pobór całkowity N, P i S obserwowano w 20:40:10 kg N:P2O5 : S /ha (F1).

Istotne efekty interakcji pomiędzy poziomami nawadniania i płodności obserwowane na wychwycie N i P przez ciecierzycę zostały przedstawione w tabeli 4.21a.

Kombinacje I3 i F3 odnotowały najwyższy pobór N i P przez ciecierzycę wśród różnych kombinacji tylko w pierwszym roku.

4.2.5 Zawartość i wydajność białka

Dane dotyczące zawartości białka w plonie białka z nasion ciecierzycy w zależności od systemów upraw, poziomu nawodnienia i płodności przedstawiono w tabeli 4.22, a graficznie na rysunkach 4.19 i 4.20.

Systemy uprawowe nie miały wpływu na zawartość białka w nasionach ciecierzycy. Zarówno ciecierzyca jednogatunkowa (C2), jak i międzyplonowa (C3) w obu latach badań wykazywały identyczną zawartość białka w nasionach. Wszystkie poziomy nawadniania, które były na równi z innymi, wykazywały istotnie większą zawartość białka w nasionach w porównaniu z brakiem nawadniania (I0). Poziomy płodności istotnie różniły się między sobą zawartością białka i wykazywały następującą kolejność wyższości F3>F2 >F1.

Systemy uprawowe nie miały wpływu na wydajność białka ciecierzycy w obu latach badań. Poziomy nawadniania, będące w następującej kolejności I3>I2>I1, notowały istotnie wyższy plon białka w porównaniu z I0 w odniesieniu do plonu białka ciecierzycy. Również poziom płodności wpływał istotnie na plon białka ciecierzycy w kolejności F3>F2 >F1.

Istotne efekty interakcji między nawadnianiem a poziomem płodności obserwowane w odniesieniu do wydajności białka ciecierzycy zostały przedstawione w tabeli 4.22a.

Kombinacje I3 i F3 odnotowały wydajność białka ciecierzycy w różnych kombinacjach tylko w pierwszym roku. Następne w kolejności były I3 i F2.

4.3 Systemy uprawowe

4.3.1 Współczynnik plonów ciecierzycy i wskaźnik ekwiwalentu ziemi (LER)

Dane dotyczące wydajności ekwiwalentu ciecierzycy i wskaźnika ekwiwalentu ziemi w zależności od systemów upraw, nawadniania i poziomu płodności przedstawiono w tabeli 4.23.

Plon równoważnika ciecierzycy był istotnie wyższy w uprawie międzyplonowej ciecierzycy i gorczycy w stosunku 4:1 (C3). Następnie ciecierzyca jednogatunkowa, a gorczyca jednogatunkowa (C1) wykazała najmniejszą wydajność równoważnika ciecierzycy w obu latach doświadczenia.

Spośród poziomów nawadniania, 2 nawadniania w fazie przedkwitnienia i na etapie napełniania strąków ciecierzycy (I3) odnotowały znacząco wyższy plon równoważnika ciecierzycy w porównaniu do wszystkich innych zabiegów. Zabiegi wykazały ich wyższość w kolejności I3>I2>I1>I0. Również poziom płodności miał istotny wpływ na wielkość plonu równoważnika ciecierzycy. Różniły się one istotnie od siebie i wykazywały przewagę w kolejności F3>F2 >F1.

W tabeli 4.23a przedstawiono istotne efekty interakcji pomiędzy systemami upraw, poziomami nawadniania i płodności obserwowane na równoważniku plonu ciecierzycy.

Kombinacje C3 i I3 odnotowały najwyższą wydajność ekwiwalentu ciecierzycy wśród różnych kombinacji w obu latach badań. Kombinacje C3 i F3; I3 i F3 odnotowały istotnie wyższy plon równoważnika ciecierzycy tylko w drugim roku.

Współczynnik równoważnika gruntowego był istotnie wyższy w uprawie międzyplonowej ciecierzycy i gorczycy w stosunku 4:1 (C3) w porównaniu z ich uprawą solną. Na LER nie miał większego wpływu poziom nawodnienia ani płodność. Wszystkie zabiegi nawadniające i wszystkie poziomy płodności były w obu latach badań na tym samym poziomie.

4.3.2 Ekonomika leczenia

Dane dotyczące stopy zwrotu brutto, stopy zwrotu netto oraz stosunku B:C, na które wpływają systemy upraw, nawadnianie i poziom płodności, przedstawiono w tabeli 4.24, a graficznie na rysunkach 4.21 i 4.22.

Zwrot brutto, zwrot netto i stosunek B:C były istotnie wyższe w uprawie międzyplonowej ciecierzycy i gorczycy w stosunku 4:1 (C3) w porównaniu do wszystkich innych zabiegów. Następna w kolejności była ciecierzyca jednoroczna (C2). Gorczyca solna (C1) odnotowała najniższy zwrot brutto, zwrot netto i stosunek B: C. Spośród poziomów nawadniania, 2 nawadniania na etapie przedkwitnienia i na etapie wypełniania strąków ciecierzycy (I3) odnotowały najwyższy zwrot brutto, zwrot netto w porównaniu z innymi zabiegami. Najwyższy stosunek B:C odnotowano jednak przy jednym nawadnianiu w stadium napełniania strąków ciecierzycy (I2). Wszystkie poziomy nawadniania odnotowały istotnie wyższe wartości w porównaniu z brakiem nawadniania (I0). Również poziom płodności miał istotny wpływ na zwrot brutto, zwrot netto i stosunek B:C. Stosując nawozy rekomendowane na powierzchni, zarówno do roślin (F3), jak i do upraw, odnotowano istotnie wyższy zwrot brutto, zwrot netto i stosunek B:C w porównaniu z 40:60:20 kg N:P2O5 : S /ha (F2), który był istotnie wyższy od zwrotu 20:40:10 kg N:P2O5 : S /ha (F1).

Istotne efekty interakcji pomiędzy systemami upraw, poziomami nawodnień i płodności obserwowane w ekonomii zostały przedstawione w tabeli 4.24a, b i c.

Kombinacje C3 i I3 odnotowały najwyższą stopę zwrotu brutto spośród różnych kombinacji w obu latach studiów. Kombinacje C3 i F3; I3 i F3 odnotowały najwyższą stopę zwrotu brutto tylko w drugim roku studiów (tabela 4.24a).

Podobnie w kombinacjach C3 i I3 odnotowano najwyższą stopę zwrotu netto spośród różnych kombinacji w obu latach studiów. Kombinacje C3 i F3; I3 i F3 odnotowały najwyższą stopę zwrotu netto tylko w drugim roku (tabela 4.24b).

Kombinacja I2 i C3 wykazała najwyższy stosunek B:C wśród wszystkich kombinacji leczenia w obu latach badań (tabela 4.24c).

4.3.3 Stan składników pokarmowych w glebie po zbiorze plonów

Dane dotyczące stanu dostępności N, P i S po zbiorze plonów pod wpływem różnych zabiegów zostały przedstawione w tabeli 4.25 oraz graficznie na rysunkach 4.23-4.25.

Spośród systemów upraw, dostępny status N po zbiorze plonów wykazał, że ciecierzyca jednoroczna (C2) odnotowała najwyższy dostępny status N w glebie w obu latach badań. Podobną tendencję zaobserwowano w statusie dostępnym S po zbiorze plonów. Na dostępny status P nie miały jednak wpływu systemy uprawowe. Spośród poziomów nawadniania, zastosowanie jednego nawodnienia w stadium napełniania strąków ciecierzycy (I2) odnotowało najwyższy dostępny stan N w glebie, po którym nastąpiły 2 nawodnienia w stadium przedkwitnienia i w stadium napełniania strąków ciecierzycy (I3). Dostępny stan P w glebie był istotnie wyższy w jednym nawadnianiu w fazie przedkwitnienia ciecierzycy (I1) w pierwszym roku, natomiast w drugim roku nie stwierdzono takich różnic. Poziomy nawodnień w obu latach badań nie miały istotnego wpływu na dostępny stan S w glebie. Stwierdzono istotne różnice w stanie żyzności dostępnej N, P i S po zbiorze roślin. Zabiegi były zgodne z kolejnością F3>F2 >F1 w stanie dostępności N, P i S w obu latach badań.

W tabeli 4.25a przedstawiono istotne efekty interakcji pomiędzy systemami upraw, poziomami nawadniania i płodności obserwowane na stan składników pokarmowych po zbiorze plonu.

Połączenie C2 i I1 odnotowało najwyższy status N w drugim roku; I3 i F3 w pierwszym roku, C1 i I1 odnotowały najwyższy status S odpowiednio w pierwszym i drugim roku.

V. DYSKUSJA

Przedstawione w poprzednim rozdziale istotne wnioski z badania zatytułowanego **"Wpływ nawadniania i poziomu płodności na system uprawy międzyplonów ciecierzycy i gorczycy"** zostały omówione krytycznie, z naukowym uzasadnieniem i w świetle wcześniejszej literatury, w kolejnych punktach.

5.1 Gleba, pogoda i wzrost upraw

Dwuletni eksperyment polowy został przeprowadzony w Agronomy Research Farm w Amar Singh Post Graduate College w Lakhaoti podczas sezonu *rabi w latach* 2005-2006 i 2006-2007. Gleba na stanowisku badawczym była piaszczysto-gliniasta o strukturze, średniej żyzności i lekko zasadowa w odczynie. Pogoda w okresie wegetacji roślin była normalna w obu latach badań. Opady deszczu, temperatury, prędkość wiatru, wilgotność względna powietrza nie różniły się istotnie pomiędzy latami, co wskazuje, że obserwowane różnice wynikały głównie z zabiegów nakładanych na rośliny, a nie ze zmienności pogody. Wzrost roślin w obu latach był mniej więcej podobny. Obie uprawy próbne wykazywały normalną populację roślin, dobry wzrost i w większości wolne od poważnych uszkodzeń spowodowanych przez szkodniki i choroby owadów. Ponieważ uprawy te były hodowane z zalecanym pakietem praktyk poza zabiegami, nie wprowadzono żadnej zmienności w postaci jakichkolwiek zabiegów. Chwasty były zwalczane przez ręczne odchwaszczanie i nie stwierdzono większego wpływu chwastów na wydajność upraw. Wzrost gorczycy nie był jednak rytmiczny, ponieważ dostarczano jej nawodnień w krytycznych stadiach rozwoju ciecierzycy. W związku z tym, że gleba w miejscu doświadczenia miała niską pojemność wodną, w początkowych fazach uprawy gorczycy wpływ na nią miał długi okres bez nawadniania. Uprawa ciecierzycy była jednak dość normalna we wczesnej fazie wegetacyjnej, aż do momentu powstania strąków. W początkowym stadium napełniania strąków ciecierzycy wystąpiły pewne uszkodzenia strąków (*Helicoverpa armigera*), ale zostały one przezwyciężone za pomocą odpowiednich środków chemicznych. Ogólnie rzecz biorąc, drzewostan i wzrost roślin był normalny i pozbawiony znaczącego wpływu stresu biotycznego lub abiotycznego w każdym stadium wzrostu roślin.

5.2 Musztarda

5.2.1 Atrybuty wzrostu

Badano cechy wzrostu, tj. wysokość rośliny, liczbę gałęzi na roślinie, akumulację suchej masy (g/roślinę) w 30, 60, 90 DAS i przy zbiorze; wskaźnik powierzchni liści w 30, 60 i 90 DAS, dni do 50 procent kwitnienia i dni do osiągnięcia dojrzałości fizjologicznej, pod kątem ich reakcji na zabiegi nałożone na uprawę.

Systemy uprawowe i poziomy nawadniania nie miały znaczącego wpływu na wysokość musztardy na poziomie 30 i 60 DAS w obu latach doświadczeń. Jednakże przy 90 DAS i przy zbiorze gorczycy uprawianej międzyplonowo (C3) odnotowano istotnie wyższą wysokość rośliny w porównaniu z jedyną uprawą gorczycy (C1). Ponieważ systemy uprawowe nie miały wpływu na przestrzeń wymaganą do wzrostu we wczesnych fazach, rośliny nie napotykały na żadne ograniczenia ze względu na konkurencję, a zatem w 30 i 60 DAS nie było istotnych różnic w wysokości roślin. Jednak w późniejszych fazach, ze względu na wystarczającą ilość miejsca dostępnego dla gorczycy międzyplonowej (C3), miała ona swobodny wzrost w porównaniu z gorczycą jedyną (C1), a więc odnotowała wyższą wysokość roślin przy 90 DAS i przy zbiorze. Kushwaha (1983) również odnotowała wyższy wzrost roślin pod musztardą międzyplonową w porównaniu z musztardą solną. Podobne ustalenia zgłosiły również Meena (1985) oraz Hiremath *et al,* (1991). Jest to jednak sprzeczne z ustaleniami Kumara i Singh'a (1987), którzy zaobserwowali zmniejszenie liczby gałęzi na roślinie w wyniku stosowania systemów międzyplonów.

Poziomy nawadniania odnotowały znacznie większą wysokość roślin gorczycy w porównaniu z brakiem nawadniania (I0) na jakimkolwiek etapie wzrostu upraw. Spośród poziomów nawadniania, 2 nawadniania w fazie przedkwitnienia i w strąkach ciecierzycy (I3) odnotowały najwyższą wysokość rośliny w porównaniu z innymi poziomami nawadniania, tj. nawadnianie tylko w fazie przedkwitnienia ciecierzycy (I1) lub nawadnianie tylko w fazie napełniania strąków ciecierzycy (I2). Można to przypisać temu, że wilgoć jest najważniejszym składnikiem pobudzającym wzrost. W przypadku braku wilgoci rośliny nie będą mogły normalnie rosnąć, pomimo wystarczającej dostępności innych czynników wzrostu. Tak więc wzrost przy braku nawadniania (I0) był znacznie niższy w porównaniu z innymi poziomami nawadniania. Ponadto 2 irygacje były w stanie zapewnić wilgoć na dłuższy czas i utrzymać wzrost wegetatywny bez zmian, podczas gdy podczas jednego nawadniania rośliny miały tendencję do przechodzenia do fazy reprodukcji wraz ze spadkiem dostępności wilgoci.

W ten sposób 2 irygacje odnotowały większą wysokość roślin w porównaniu z jednym nawadnianiem w różnych fazach wzrostu.

Zastosowanie zalecanej dawki nawozów w stosunku do rzędów roślin (F3) spowodowało znaczne zwiększenie wysokości roślin. Ściśle odpowiadało to 40:60:20 kg N:P2O5 : S /ha (F2). Zastosowanie dawki 20:40:10 kg N:P2O5 : S /ha odnotowało najmniejszą wysokość roślin na wszystkich etapach obserwacji. Ponieważ aplikacja nawozu w zależności od potrzeb rośliny była zgodna z F3, spełniała zrównoważone zapotrzebowanie na składniki pokarmowe rośliny w porównaniu z innymi poziomami żyzności. Ponieważ inne poziomy nie odpowiadały dokładnie zapotrzebowaniu roślin na składniki odżywcze, wykazywały one mniejszy wpływ w porównaniu z F3.

Systemy uprawy nie miały znaczącego wpływu na liczbę gałęzi roślin gorczycy w żadnym z etapów wzrostu upraw. Można to przypisać temu, że rozstawy dla upraw są ustalone na podstawie zdolności rozgałęziania się i wzrostu morfologicznego. Ze względu na to, że rozstawy w uprawach jednorocznych były w stanie przyjąć maksymalne możliwe rozgałęzienia, nie można było zaobserwować zróżnicowanego efektu rozgałęzienia między systemami upraw.

Nawodnienia nie miały znaczącego wpływu na liczbę gałązek na roślinie gorczycy w 30 i 60 DAS, ale później nawadnianie na etapach przedkwitnienia i napełniania strąków ciecierzycy odnotowało znacznie większą liczbę gałązek w musztardzie w porównaniu z brakiem nawadniania na żadnym z etapów wzrostu upraw. Ponieważ nawadnianie zbiegło się w czasie z krytycznymi etapami wzrostu ciecierzycy, tj. etapem przedkwitnienia i napełniania strąków, które były późniejsze niż początkowy wzrost w 30 i 60 DAS, w żadnym z zabiegów nie zostało ono naruszone. Kiedy jednak nałożono zabiegi irygacyjne, wpłynęły one na roślinę poprzez zwiększenie wzrostu i zwiększenie liczby roślin.

Poziom płodności odnotował znaczne różnice w liczbie gałęzi na roślinie we wszystkich fazach w obu latach doświadczenia. Aplikacja 20:40:10 kg N:P2O5 : S /ha odnotowała najmniejszą liczbę rozgałęzień, natomiast zalecana dawka nawozów na proporcję rzędów upraw (F3) odnotowała największą liczbę rozgałęzień na roślinie. Ponieważ rośliny różnią się pod względem zapotrzebowania na składniki odżywcze, zrównoważone odżywianie poszczególnych roślin skutkuje optymalnym wzrostem, jak zaobserwowano w F3.

Systemy uprawowe w obu latach doświadczeń nie miały znaczącego wpływu na akumulację suchej masy w gorczycy w różnych fazach wzrostu roślin. Można to wytłumaczyć faktem, że systemy upraw nie wywierały żadnego wpływu na ekspresję normalnego wzrostu rośliny uprawnej w systemie międzyplonowym. Również dalsza uprawa międzyplonowa gorczycy (C3) nie przyniosła żadnych dodatkowych korzyści dzięki dostępnej przestrzeni. W związku z tym nie zaobserwowano zróżnicowanego nagromadzenia suchej masy w systemach uprawowych. Podobne obserwacje zgłosiły również Meena (1985) oraz Singh *et al.* (1997).

Wśród poziomów nawadniania istotny wpływ na akumulację suchej masy musztardy w 30 i 60 DAS w obu latach badań miał poziom nawadniania. Istotny wpływ miały natomiast poziomy nawodnień w 90 DAS i przy zbiorze. W wyniku zastosowania 2 nawodnień (I3) stwierdzono największą akumulację suchej masy musztardy. Ściśle zależało to od zastosowania jednego nawodnienia w fazie napełniania strąków ciecierzycy w pierwszym i w fazie przedkwitnienia w drugim roku. W obu latach brak nawodnień odnotował najniższe nagromadzenie suchej masy spośród wszystkich poziomów nawodnień. Ponieważ nie stosowano nawadniania do fazy przedkwitnienia ciecierzycy, nie stwierdzono wpływu nawadniania na żaden z zabiegów, a więc wszystkie zabiegi były na tym samym poziomie do 60DAS. Po podaniu irygacji powodowały one zwiększone nagromadzenie suchej masy przy 90 DAS i przy zbiorze. W wyniku 2 nawadnień zapewniających stałą dostępność wilgoci odnotowano większą dostępność suchej masy. Zalecana dawka nawozów na powierzchnię dla obu roślin (F3) rejestrowała większą akumulację suchej masy wynikającą ze zbilansowanego odżywiania obu roślin jako zalecaną dawkę składników pokarmowych podawano obu roślinom na ich powierzchnię. Samui i in. (1986), Mudholkar i Ahlawat (1981) oraz Upasani i Sharma (1986) i Tomar i in. (1992) również odnotowali znacznie wyższe właściwości wzrostu z zalecaną dawką składników odżywczych dla gorczycy.

Nie stwierdzono istotnej różnicy w indeksie powierzchni liści (LAI) gorczycy odnotowanym w latach 30, 60 i 90DAS, na co miały wpływ systemy uprawowe w obu latach doświadczeń. Można to przypisać niezakłóconemu wzrostowi upraw w obu systemach uprawy, co skutkowało pełną ekspresją wzrostu, ponieważ nie było ograniczeń dla żadnego z parametrów wzrostu.

Na LAI nie miał również wpływu poziom nawadniania na poziomie 30 i 60 DAS w obu latach. Jednak przy 90DAS, 2 irygacje (I3) wykazały najwyższy poziom LAI, a po nich następowało jedno nawadnianie albo w fazie przedkwitnienia, albo wypełniania strąków ciecierzycy. Wszystkie te zabiegi irygacyjne były znacznie lepsze niż brak zabiegów irygacyjnych. Zwiększone LAI w zabiegach irygacyjnych w późniejszych fazach można przypisać długotrwałemu wegetatywnemu wzrostowi wraz z dostępnością wilgoci, a także lepszemu wykorzystaniu innych czynników wzrostu wraz z wilgocią.

Poziom płodności wykazywał istotne różnice w LAI musztardy na wszystkich etapach obserwacji. Stosowanie zalecanej dawki nawozów na powierzchni obu roślin (F3) odnotowało najwyższe LAI w obu latach i było istotnie wyższe od pozostałych poziomów płodności. Zwiększona dostępność składników pokarmowych w 40:60:20 kg N:P2O5 : S /ha (F2) oraz rekomendowana dawka nawozów na powierzchnię dla obu roślin (F3) była główną przyczyną wzrostu LAI w tych zabiegach w porównaniu z F1. Kiedy dostępność składników pokarmowych zostanie zwiększona, będzie to odzwierciedlone w zwiększonym wzroście wegetatywnym, takim jak liście i pędy.

W pierwszym roku doświadczeń (2005-06) systemy uprawowe nie wpłynęły znacząco na dni do 50% kwitnienia. I tak oba systemy uprawowe były ze sobą równorzędne, podczas gdy w drugim roku (2006-07) musztarda międzyplonowa (C3) zajmowała istotnie więcej dni na 50% kwitnienia niż musztarda solna (C1). Zmienność liczby dni do 50% kwitnienia w systemach uprawowych można przypisać pewnym parametrom pogodowym i mikroklimatowi. Dłuższy okres do 50% kwitnienia w drugim roku w musztardzie międzyplonowej (C3) może być spowodowany lepszą dostępnością przestrzeni i składników odżywczych, co z kolei ułatwiło dłuższy wzrost wegetatywny w porównaniu z musztardą solną.

Poziomy nawadniania nie miały znaczącego wpływu na dni do 50% kwitnienia w obu latach doświadczeń. Ponieważ zastosowane później zabiegi nawadniające zbiegały się w czasie z krytycznymi etapami rozwoju ciecierzycy, mogły nie mieć wpływu na dni do 50 % kwitnienia musztardy. . Zalecana dawka nawozów na powierzchnię w obu uprawach (F3) trwała znacznie dłużej dla 50% kwitnienia w porównaniu z 20:40:10 kg N:P2O5 : S /ha (F1) i 40:60:20 kg N:P2O5 : S /ha (F2). Wynikało to głównie z faktu, że optymalne dawki nawozu mają tendencję do wprowadzania maksymalnego wzrostu wegetatywnego przed przejściem do fazy rozrodczej. Jako zalecana dawka nawozów na bazie powierzchniowej dla obu upraw (F3) zaspokajających optymalne zapotrzebowanie na składniki odżywcze musztardy, opóźniła ona dniowe kwitnienie do 50% w porównaniu z innymi zabiegami.

Na fizjologiczną dojrzałość musztardy istotny wpływ miały wszystkie badane w obu latach czynniki. Musztarda międzyplonowa (C3) zajmowała istotnie dłuższy okres dojrzałości fizjologicznej w porównaniu z musztardą solną (C1). Może to wynikać prawdopodobnie z lepszej dostępności warunków wzrostu, tj. przestrzeni, składników odżywczych, nasłonecznienia i mniejszej konkurencji o inne czynniki wzrostu ze względu na większe rozstawy i mniej konkurencyjną uprawę ciecierzycy.

2 irygacje w fazie przedkwitnienia i w strąkach ciecierzycy (I3), odpowiadające jednemu nawadnianiu w fazie napełniania strąków ciecierzycy (I2), trwały znacznie dłużej niż jedno nawadnianie w fazie przedkwitnienia ciecierzycy (I1) i bez nawadniania (I0). Również jedno nawadnianie w fazie przedkwitnienia ciecierzycy (I1) trwało istotnie dłużej w fazie dojrzałości fizjologicznej w porównaniu z brakiem nawadniania (I0). Ponieważ zabiegi irygacyjne nakładano w późniejszych fazach wzrostu, zapewniły one optymalne warunki dla dłuższej fazy rozrodu w porównaniu z brakiem nawadniania (I0) i jednym nawadnianiem w fazie przedkwitnienia ciecierzycy (I1). Tak więc jedno nawadnianie w fazie napełniania strąków ciecierzycy (I2) i dwa nawadniania w fazie przedkwitnienia i w fazie napełniania strąków ciecierzycy (I3) zajmowały więcej czasu dla fizjologicznej dojrzałości.

5.2.2 Atrybuty wydajności

Liczba silikonów na roślinę była istotnie wyższa w musztardzie międzyplonowej (C3) w porównaniu z musztardą solną (C1). Gorczyca międzyplonowa ze względu na lepsze warunki uprawy i mniejszą konkurencję o zasoby odnotowała wyższą liczbę silikonów na roślinę. Zastosowanie 2 nawodnień w fazie przedkwitnienia i wypełnienia strąków ciecierzycy (I3) odnotowało najwyższą liczbę silikonów na roślinę w porównaniu z wszystkimi innymi zabiegami nawadniającymi. Dalsze jedno nawadnianie w fazie przedkwitnienia ciecierzycy (I1) odnotowało większą liczbę silikonów na roślinę w porównaniu z jednym nawadnianiem w fazie napełniania strąków ciecierzycy (I2). Wszystkie zabiegi irygacyjne były istotnie lepsze niż brak nawadniania w obu latach doświadczeń. Ponieważ wilgoć ma decydujące znaczenie dla dobrego rozwoju narządów rozrodczych, a także dla dalszego przekazywania fotosynthatów do narządów rozrodczych, zastosowane później w fazie rozrodczej irygacje były bardziej skuteczne w porównaniu z wczesnymi nawadnianiami i w ogóle ich nie stosowano. Ponadto zalecana dawka nawozów na podstawie powierzchni dla obu upraw (F3) zanotowała wyższe silikony na roślinę, a następnie 40:60:20 kg N:P2O5 : S /ha (F2) i 20:40:10 kg N:P2O5 : S /ha (F1). Wynika to głównie ze zwiększonej dostępności składników odżywczych w poprzednich zabiegach.

Systemy uprawowe w żadnym z lat doświadczeń nie miały istotnego wpływu na liczbę nasion na silikony, a oba systemy rejestrowały nasiona na silikony na równi z nimi. Ponieważ na liczbę nasion przypadających na pikle duży wpływ mają czynniki genetyczne, nie mają na nią wpływu małe czynniki środowiskowe. W związku z tym systemy uprawy były na równi z innymi systemami. Jednakże spośród poziomów nawadniania, jedno nawadnianie w fazie przedkwitnienia ciecierzycy (I1), jedno nawadnianie w fazie napełniania strąków ciecierzycy (I2) i dwa nawadnianie w fazie przedkwitnienia i napełniania strąków ciecierzycy (I3), które były na równi z innymi, odnotowały znacznie większą liczbę nasion na jeden silikon w porównaniu z brakiem nawadniania (I0), głównie ze względu na fakt, że dostępność wilgoci w fazie rozrodczej zwiększa dostępność składników odżywczych i przedłuża wzrost wegetatywny, co z kolei zwiększa cechy plonu. Zastosowanie zalecanej dawki nawozów na powierzchnię w obu uprawach (F3) odnotowało istotnie większą liczbę nasion na krzemionkę w porównaniu z resztą zabiegów. Natomiast 20:40:10 kg N:P2O5 : S /ha (F1) charakteryzowało się najniższą liczbą nasion na silikony. Większa dostępność składników odżywczych jest główną przyczyną wzrostu liczby nasion na sylwetkę. Sharma (1994) podsumował również swoje ustalenia dotyczące reakcji gorczycy indyjskiej (*Brassica juncea)* na różne schematy nawadniania, poziom azotu i siarki, że każdy kolejny wzrost poziomu N od 0 do 80 kg/ha znacząco zwiększał cechy wzrostu, cechy plonu, plony nasion i pieca oraz dochód netto/ha.

Podobnie systemy uprawowe nie miały wpływu na plon nasion z rośliny, natomiast nawadnianie i poziom płodności wykazały pozytywny wpływ ze względu na zwiększoną dostępność wilgoci i składników odżywczych, które są ważniejsze w fazie rozrodczej. Singh *i in.* (1985) oraz Singh i Singh (1991) również odnotowały poprawę właściwości plonotwórczych dzięki systemom międzyplonowym.

Na masę 1000 nasion gorczycy istotny wpływ miały zabiegi systemu uprawowego w obu latach doświadczeń. Poziom nawadniania i płodności miał pozytywny wpływ na masę 1000 nasion. Zastosowanie jednego lub dwóch nawodnień w różnych stadiach rozwoju ciecierzycy w stosunku do braku nawodnień (I0)

wykazało istotnie większą masę 1000 nasion. Przy wzroście poziomu nawozu istotnie zwiększała się masa nasion gorczycy. Ponieważ masa 1000 nasion zależy od środowiska panującego w fazie rozrodczej, lepsze warunki ze względu na mniejszą konkurencję w systemach uprawowych oraz większą dostępność w zakresie nawadniania i płodności znacznie zwiększyły masę 1000 nasion w tych zabiegach. Bhat *i in.* (2006) stwierdzili, że zastosowanie 100 kg N + 50 kg P/ha znacznie poprawiło wszystkie mierzone parametry w porównaniu z innymi zabiegami. Singh (2006) odnotował istotnie wyższy plon nasion przy stosowaniu 125% zalecanej dawki w porównaniu z 75 i 150% zalecanej dawki nawozu.

5.2.3 Wskaźnik wydajności i zbiorów

Na plon nasion gorczycy istotny wpływ miał cały zestaw wypróbowanych zabiegów. Między gorczycą jedyną (C1) a gorczycą międzyplonową (C3), gorczyca jedyna (C1) odnotowała istotnie wyższy plon nasion w porównaniu z gorczycą międzyplonową (C3). Spadek plonu gorczycy międzyplonowej wyniósł 58,9 i 60,0% odpowiednio w pierwszym i drugim roku, w porównaniu z gorczycą międzyplonową. Zmniejszenie plonu gorczycy międzyplonowej (C3) można przypisać mniejszej liczbie roślin, gdyż uprawiano je w stosunku 4:1. Wzrost plonów ponad ich proporcję można jednak przypisać lepszym cechom wzrostu i plonowania, które były istotnie wyższe w gorczycy międzyplonowej (C3) w porównaniu z gorczycą jednogatunkową (C1).

Poziomy nawadniania wykazały również istotny wpływ na plon nasion gorczycy. Jedno nawadnianie w fazie przedkwitnienia ciecierzycy (I1), jedno nawadnianie w fazie napełniania strąków ciecierzycy (I2) i dwa nawadniania w fazie przedkwitnienia i napełniania strąków ciecierzycy (I3) odnotowały wzrost plonu nasion odpowiednio o 4,7, 12,2 i 11,3% w pierwszym roku oraz 8,24, 12,15 i 15,05% w drugim roku. I3 i I2 będące na równi z I1 i I0 odnotowały istotnie wyższe plony niż I1 i I0, które z kolei różniły się istotnie od siebie. Ponieważ nawadnianie jest ważnym składnikiem wzrostu, stosowanie nawadniania wykazywało zwiększone cechy wzrostu, a także cechy plonu, które z kolei przyczyniały się do zwiększenia plonów w porównaniu z brakiem nawadniania (I0). Sharma *et al.*(2005) i Pirri *et al.*(2006) również odnotowały podobne wyniki wzrostu plonów w porównaniu do braku nawadniania (I0).

Zastosowanie rekomendowanej dawki nawozów na glebę zarówno w uprawach (F3), jak i w uprawach powierzchniowych, dało istotnie większy plon nasion niż 40:60:20 kg N:P2O5 : S /ha (F2), a z kolei istotnie większy niż 20:40:10 kg N:P2O5 : S /ha (F1). Kwanty wzrostu plonu nasion z powodu F2 i F3 w stosunku do F1 wynosiły odpowiednio 10,6 i 16,6% w pierwszym roku oraz 9,73 i 20,31% w drugim roku. Dostępność składników pokarmowych jest istotnym czynnikiem lepszego wzrostu, przy czym dostępność składników pokarmowych w optymalnej ilości w zalecanej dawce nawozów na powierzchni zarówno dla obu roślin (F3) wykazywała lepsze cechy wzrostu i plonowania, co zaowocowało istotnie wyższym plonem.

Również wydajność łodygi była pod dużym wpływem różnych zabiegów. Stwierdzono istotny spadek plonu łodyg gorczycy w gorczycy międzyplonowej (C3) w stosunku do gorczycy solnej (C1) o 60,3 i 60,1% w pierwszym i drugim roku badań. Jest to ponadto przejawem mniejszej liczby roślin w porównaniu z gorczycą jedyną (C1). Chociaż parametry wzrostu były wyższe w musztardzie międzyplonowej (C3), to jednak nie wystarczały do poprawy plonu łodyg w porównaniu z musztardą jedyną (C1). Poziom nawożenia i nawadniania nie miał istotnego wpływu na plon ogonków gorczycy w żadnym z lat doświadczenia. Ponieważ zwiększona dostępność wilgoci i składników odżywczych niezmiennie prowadzi do zwiększonego wzrostu i dalszego przekazywania fotosyntianów do organów rozrodczych, wzrost wegetatywny pozostaje mniej więcej na tym samym poziomie. Tak więc i w tym przypadku nie zaobserwowano istotnych różnic ze względu na poziom nawadniania i płodności.

Systemy uprawowe nie miały istotnego wpływu na wskaźnik zbioru. Zastosowanie 2 nawodnień w fazie przedkwitnienia i w fazie napełniania strąków ciecierzycy (I3) na równi z jednym nawodnieniem w fazie napełniania strąków ciecierzycy (I2) wykazało istotnie wyższy wskaźnik zbioru niż jedno nawodnienie w fazie przedkwitnienia (I1) i brak nawodnień (I0). Jednorazowe nawadnianie w fazie przedkwitnienia ciecierzycy ciecierzycy (I1) również wykazywało istotnie wyższy wskaźnik zbioru w porównaniu z brakiem nawadniania (I0). Zalecana dawka nawozów na glebę dla obu roślin (F3) odnotowała istotnie wyższy wskaźnik plonu, a następnie 40:60:20 kg N:P2O5 : S /ha (F2) i 20:40:10 kg N:P2O5 : S /ha (F1), które z kolei różniły się istotnie od siebie. Chociaż gorczyca międzyplonowa (C3) odnotowała wyższy wskaźnik zbioru, to jednak nie był on statystycznie wyższy w porównaniu z gorczycą solną (C1), co wskazuje, że korzystne warunki w C3 nie były wystarczająco dobre, by odnotować istotny wzrost. Ponieważ wyższa wilgotność i żyzność zwiększają wzrost wegetatywny i przenoszenie fotosyntianów do organów rozrodczych, mają one tendencję do zwiększania plonu w porównaniu z organami wegetatywnymi, co zaobserwowano również przy plonie ogonków parzystokopytnych, które odnotowały wyższy wskaźnik plonu.

5.2.4 Pobór składników odżywczych

Pobór składników pokarmowych jest funkcją zawartości składników pokarmowych i całkowitej produkcji biomasy, zmienność w poborze składników pokarmowych może być obserwowana ze zmiennością któregokolwiek z tych dwóch czynników. Chociaż zawartość N i S w nasionach i łodygach była na równi w obu systemach uprawy, ze względu na wyższy plon nasion i łodyg odnotowany, całkowity pobór N był istotnie wyższy w musztardzie solnej (C1) w porównaniu z gorczycą międzyplonową (C3). Ponadto, choć nie stwierdzono wyższej zawartości P w nasionach, to jednak wystarczyło zwiększyć pobieranie P ogółem w gorczycy międzyplonowej (C3) w porównaniu z gorczycą międzyplonową (C1) ze względu na większą populację roślin i większy plon C1. Ghadge *et al.* (2005) również odnotowali najwyższą zawartość S, P i N w nasionach i słomie ze względu na poziom płodności i nawadniania.

Poziomy nawadniania wykazały wyższą zawartość N, P i S w nasionach, a tym samym wyższe pobieranie tych składników pokarmowych. Bandopadhy i Bose (2004) również odnotowały wyższą zawartość P przy stosowaniu nawadniania i składników odżywczych. W związku ze zwiększonym poziomem nawadniania i składników pokarmowych istotnie zwiększył się plon nasion, nawet przy podobnej zawartości tych składników w plonie łodyg i szypułek, odnotowano wyższy pobór w poziomie nawadniania w porównaniu z brakiem nawadniania (I0) i 20:40:10 kg N:P2O5 : S /ha (F1), co stanowiło najniższą dawkę tych składników pokarmowych zastosowaną w porównaniu z innymi poziomami.

5.2.5 Wydajność oleju

Wydajność oleju jest funkcją zawartości oleju w nasionach i wydajności nasion. Jedyna musztarda (C1) pomimo podobnej zawartości oleju jak musztarda międzyplonowa (C3) odnotowała wyższy plon z powodu wyższej wydajności nasion. Gdy wydajność nasion wzrasta, oczywiste jest, że wydajność oleju będzie wyższa. Wyższy plon oleju w nawadnianiach (I1, I2 i I3) można przypisać wyższej zawartości oleju w nasionach, a także większemu plonowi nasion, przy czym w obu przypadkach łącznie odnotowano istotnie wyższy plon oleju w tych zabiegach w porównaniu z brakiem nawadniania (I0). Ponadto poziom nawadniania w wyniku poprawy stanu wilgotności zwiększa zawartość oleju ze względu na lepszy proces fizjologiczny prowadzący do wyższej zawartości oleju. Podobnie jak w przypadku mądrych nawozów, zwiększona została zawartość oleju w zalecanej dawce nawozowej na powierzchni zarówno dla roślin (F3), a następnie 40:60:20 kg N:P2O5 : S /ha (F2), jak i istotnie większy plon w porównaniu z 20:40:10 kg N:P2O5 : S /ha (F1). Zwiększona zawartość oleju w nasionach z powodu nawożenia jest zjawiskiem dobrze znanym.

Szczególnie zwiększona dostępność S poprawiła syntezę oleju, a tym samym jego zawartość, co w połączeniu z wyższym plonem nasion zaowocowało wyższym plonem oleju.

5.3 Ciecierzyca

5.3.1 Atrybuty wzrostu

Na wysokość roślin ciecierzycy nie miał istotny wpływ system uprawy w większości etapów wzrostu roślin. Ponieważ warunki wzrostu były podobne zarówno u ciecierzycy pojedynczej, jak i międzyplonowej, nie zaobserwowano istotnych różnic w różnych systemach uprawy. Ciecierzyca zanotowała więc wyższe cechy wzrostu w porównaniu z ciecierzycą Tripathi *et al.* (2000), która odnotowała spadek cech wzrostu w systemach upraw międzyplonowych.

Poziomy nawadniania nie miały wpływu na roślinę przy 30 DAS. Jednak w późniejszych etapach miały one istotny wpływ na wysokość rośliny. W 60 DAS jedno nawadnianie w fazie przedkwitnienia ciecierzycy (I1) odnotowało najwyższą wysokość rośliny, po którym nastąpiły 2 nawadniania w fazie przedkwitnienia i napełnienia strąków ciecierzycy (I3) i oba były na równi z resztą zabiegów. Przy 90 DAS, a także przy zbiorze, I1 i I3 znajdujące się na poziomie równym I2 odnotowały istotnie większą wysokość roślin niż I2. Również w tych stadiach I2 wykazywała istotnie większą wysokość roślin w porównaniu z I0. Ponieważ nawodnienia były podawane w różnych fazach wzrostu, wykazywały one różny wpływ na wysokość roślin. Ponieważ ciecierzyca jest bardzo wrażliwa na wilgoć, dostępność wilgoci zwiększała wysokość rośliny w miarę podawania nawodnień.

Poziomy płodności miały różny wpływ na wysokość roślin ciecierzycy. Ciecierzyca jest zdolna do wiązania azotu atmosferycznego w połączeniu z *Rhizobium*. Ponieważ na wzrost wegetatywny duży wpływ ma dostępność N, poziomy nawozu wykazywały zróżnicowany wpływ na wysokość roślin. Jednak zalecana dawka nawozu na podstawie powierzchni dla obu upraw (F3) ze względu na jego zrównoważoną ilość odnotowała wyższą wysokość roślin w porównaniu z innymi poziomami płodności.

Systemy uprawowe wpływały w różny sposób na liczbę rozgałęzień na roślinie ciecierzycy w różnych fazach wzrostu upraw w obu latach doświadczenia. Ponieważ liczba rozgałęzień jest determinowana przez ogólny wzrost rośliny, każda niewielka zmienność w środowisku i dostępność czynników wzrostu wpływa na liczbę rozgałęzień w różnych fazach wzrostu. Ponadto, ponieważ ciecierzyca wykazuje wzrost wegetatywny w różnych fazach wzrostu wraz z dostępnością wilgoci i składników odżywczych, wpływają one na liczbę gałęzi w porównaniu z systemami upraw. Zwiększona dostępność do nawadniania zwiększyła liczbę rozgałęzień we wczesnych fazach wzrostu, dlatego też zaobserwowano większą liczbę rozgałęzień przy poziomach nawadniania w porównaniu z brakiem nawadniania (I0). Na liczbę rozgałęzień na roślinie ma również wpływ poziom płodności. Ponieważ optymalne poziomy składników odżywczych zapewniają duży impuls do wzrostu, zalecana dawka nawozów na bazie powierzchniowej dla obu upraw (F3) odnotowała większą liczbę rozgałęzień na roślinę w porównaniu z 40:60:20 kg N:P2O5 : S /ha (F2) i 40:60:20 kg N:P2O5 : S /ha (F2), które nie były odpowiednie dla ciecierzycy.

Większa akumulacja suchej masy była większa w ciecierzycy wielokwiatowej (C2) w porównaniu z ciecierzycą jednoroczną (C1). Może to wynikać z nieco większej przestrzeni i mniejszej konkurencji w uprawie międzyplonowej w porównaniu z ciecierzycą jednoroczną (C1). Jest to sprzeczne z ustaleniami Kumar i Singh (1987) i Singh (1990), którzy zgłosili zmniejszenie udziału pszenicy uprawianej międzyplonowo z gorczycą. Ponadto, ponieważ nawadnianie było stosowane w późniejszym okresie w fazie przedkwitnienia i napełniania strąków, nie stwierdzono różnicy w nagromadzeniu suchej masy w 30 DAS, jednak w późniejszych fazach nawadniania odnotowano większe nagromadzenie suchej masy w porównaniu z brakiem nawadniania (I0). Ponieważ nawadnianie zwiększa wzrost wegetatywny, oczywiste jest, że zwiększyło ono akumulację suchej masy w porównaniu z brakiem nawadniania.

Zalecana dawka nawozów na powierzchni dla obu upraw (F3) odnotowała większą akumulację suchej masy w porównaniu z innymi poziomami płodności. Przypisuje się ją zwiększonej dostępności składników pokarmowych zgodnie z jej zapotrzebowaniem, w przeciwieństwie do dwóch innych zabiegów, które nie były odpowiednie dla ciecierzycy.

Na indeks powierzchni liści nie miały wpływu systemy uprawowe. Ponieważ systemy uprawowe prawie nie różniły się pod względem dostępności powierzchni, nie zaobserwowano większych różnic. Poziomy nawodnień z powodu zwiększonej dostępności wilgoci rejestrowane w późniejszych fazach zwiększały LAI w porównaniu z 30 DAS, ponieważ nawodnienia były podawane w późniejszych fazach. Ponieważ nawadnianie inicjuje wzrost wegetatywny w dowolnym stadium wzrostu ciecierzycy, odnotowało ono wyższe LAI przy wszystkich poziomach nawadniania w porównaniu z brakiem nawadniania (I0).

Poziom żyzności nie miał istotnego wpływu na LAI, jednak zalecana dawka nawozu na podstawie powierzchni dla obu upraw (F3) wykazywała lepsze LAI w porównaniu z 40:60:20 kg N:P2O5 : S /ha (F2) i 20:40:10 kg N:P2O5 : S /ha (F1). Może to być ponownie przypisane do zrównoważonej i optymalnej dawki składników odżywczych w F3.

Dni do 50% dojrzałości nie miały znaczącego wpływu na systemy uprawowe, nawadnianie i poziom płodności w obu latach badań. Systemy uprawowe miały niewielki wpływ przed kwitnieniem, czy to ze względu na konkurencję, czy też dostępność przestrzeni, nie było więc istotnej różnicy pomiędzy systemami uprawowymi. Poziomy nawadniania stosowane później w fazie przedkwitnienia i napełniania strąków nie miały wpływu na dni do 50% kwitnienia. Również poziom płodności nie miał wpływu na 50% kwitnienie. Może to wynikać z symbiotycznej zdolności ciecierzycy do utrwalania N i mniejszego wpływu poziomu płodności na zmienność w dniach do 50% kwitnienia. Na dni do fizjologicznej dojrzałości nie miały również wpływu układy uprawowe i poziom płodności zarówno w latach badań. Ponieważ systemy uprawowe, na mocy jednolitych warunków nie wpływały na dni do osiągnięcia dojrzałości fizjologicznej. Jednak zastosowanie 2 nawodnień w fazie przedkwitnienia i wypełnienia strąków ciecierzycy (I3) wykazało dłuższy okres fizjologicznej dojrzałości, po którym nastąpiło jedno nawodnienie w fazie wypełnienia strąków ciecierzycy (I2) i jedno nawodnienie w fazie przedkwitnienia (I1). Wszystkie poziomy nawadniania miały istotnie dłuższy okres fizjologicznej dojrzałości w porównaniu z brakiem nawadniania (I0). Ponieważ nawadnianie inicjuje wzrost wegetatywny i przedłuża wzrost rozrodczy, poziomy nawadniania rejestrowały dłuższy okres fizjologicznej dojrzałości. Durga *i in.* (2001) zauważyli również wydłużenie okresu kwitnienia o 50% i fizjologicznej dojrzałości z powodu poziomu nawadniania.

Ponieważ ciecierzyca jest wrażliwa na nawadnianie, poziomy nawadniania wykazywały znaczną zmienność między sobą. Poziomy płodności nie wpływały jednak na dni do osiągnięcia dojrzałości fizjologicznej. Można to przypisać głównie złożonej roli biologicznej fiksacji azotu.

5.3.2 Atrybuty wydajności

Ciecierzyca wielokwiatowa (C3) odnotowała istotnie wyższy plon strąków z rośliny i nasion z rośliny w obu latach badań. Może to wynikać z dostępności większej przestrzeni, napowietrzania w porównaniu z ciecierzycą jednoroczną (C1). Szerszy rozstaw i mniejsza konkurencja w przypadku ciecierzycy międzyplonowej mogła spowodować wyższe wartości tych cech.

Spośród poziomów nawadniania 2 nawadniania w fazie przedkwitnienia i wypełnienia strąków ciecierzycy (I3) odnotowały wyższy plon strąków z rośliny i nasion z rośliny w porównaniu z innymi zabiegami. Jedno nawadnianie w fazie przedkwitnienia ciecierzycy ciecierzycy (I1) było porównywalne z jednym nawadnianiem w fazie napełniania strąków ciecierzycy (I2) i oba były istotnie lepsze niż brak nawadniania (I0). Ponieważ nawadnianie przy przedłużonej dostępności wilgoci zwiększa fazę rozrodczą i zapewnia przenoszenie fotosynthatów na części rozrodcze z organów wegetatywnych przez dłuższy czas. Skutkuje to zwiększeniem liczby strąków na roślinie, lepszym rozwojem strąków, a w konsekwencji zwiększeniem plonu nasion z rośliny. Singh *et al.* (1980b), Bhan i Khan (1982), Dobariya *et al.* (1985) i Mandal *et al.* (1985) również zauważyli, że nawadnianie znacznie zwiększyło liczbę strąków na roślinę i suchą masę strąków. Nawadnianie w fazie sadzeniaków i kwitnienia dawało istotny wzrost plonu ciecierzycy w porównaniu z brakiem nawadniania. Roy i Tripathi (1985) zauważyli, że wzrost plonu ziarna był związany ze wzrostem liczby strąków i ziarna na roślinie w wyniku nawadniania. Rekomendowana dawka nawozów na glebę dla obu roślin (F3) również wykazała wzrost plonu strąków i ziarna z rośliny ze względu na lepszą dostępność składników pokarmowych w porównaniu z 40:60:20 kg N:P2O5 : S /ha (F2) i 20:40:10 kg N:P2O5 : S /ha (F1). Przy lepszej dostępności składników odżywczych ułatwia, zwiększa liczbę strąków i lepszy rozwój strąków, co przekłada się na wyższy plon nasion z rośliny.

Na masę 100 nasion ciecierzycy w żadnym z lat badań nie wpłynęła istotnie żadna z zabiegów. Ponieważ masa 100 nasion ma raczej charakter genetyczny, który rzadko różni się istotnie ze względu na czynniki środowiskowe. Jednak poziom nawadniania i płodności był w stanie nieznacznie poprawić masę 100 nasion w porównaniu z brakiem nawadniania (I0) i 20:40:10 kg N:P2O5 : S /ha (F1). Ale te ulepszenia nie były statystycznie na równi z innymi zabiegami.

5.3.3 Wskaźnik wydajności i zbiorów

Systemy uprawowe nie miały istotnego wpływu na plon nasion. Zarówno ciecierzyca jednogatunkowa (C2), jak i międzyplonowa (C3) notowały plon na równi z innymi. Ponieważ wzrost ciecierzycy międzyplonowej (C2) wykazywał wyższe cechy wzrostu i plonowania, co skutkowało wyższym plonem nasion, nie stwierdzono istotnej różnicy pomiędzy systemami upraw. Mniejsza liczba roślin w ciecierzycy międzyplonowej (C2) była rekompensowana lepszymi cechami wzrostu i plonu. Kaushik *i in.* (1980) oraz Misangu (1980) stwierdzili, że odpowiednia modyfikacja wzoru sadzenia oraz staranny dobór roślin może w znacznym stopniu ograniczyć wzajemną konkurencję.

Spośród poziomów nawadniania, 2 nawadniania w fazie przedkwitnienia i w strąkach ciecierzycy (I3) wykazały istotnie wyższy plon nasion w porównaniu do wszystkich innych zabiegów. Jedno nawadnianie w fazie przedkwitnienia ciecierzycy ciecierzycy (I1) i jedno nawadnianie w fazie napełniania strąków ciecierzycy (I2) na równi z drugim odnotowały istotnie wyższy plon w porównaniu z brakiem nawadniania (I0). Singh i Sharma (1980) również notowali istotnie wyższy plon nasion ciecierzycy w porównaniu z brakiem nawadniania. Ze względu na to, że 2 nawadniania były prowadzone w fazie krytycznej, tj. przedkwitnienia i wypełnienia strąków, odnotowały one istotnie wyższy plon strąków z rośliny i nasion z rośliny, a także większą masę 100 nasion, zapewniając optymalne warunki wilgotnościowe. Zaowocowało to wyższym plonem nasion. Nawadnianie zarówno w fazie przedkwitnienia, jak i wypełnienia strąków również w dużym stopniu zapewniało dobre warunki wilgotnościowe w fazie krytycznej, co skutkowało wyższymi parametrami plonowania, a tym samym zwiększało plon nasion w porównaniu z brakiem nawadniania. Poonia (1984) uzyskała najwyższy plon 1,3 t/ha przy dwóch nawadnianiach w fazie kwitnienia i przy formowaniu strąków, który był istotnie wyższy niż jedno nawadnianie w fazie kwitnienia i przy formowaniu strąków oraz przy braku nawadniania. Ahlawat *i wsp.* (2005) stwierdzili, że częste nawadnianie było użyteczne w zwiększaniu plonu nasion ciecierzycy. Wykazali oni również wyższy zwrot brutto i zwrot netto. Ponadto zalecana dawka nawozów na podstawie powierzchni dla obu upraw (F3) poprzez ułatwienie dostarczania składników odżywczych w optymalnej i zrównoważonej ilości odnotowała znacznie wyższy plon. Avanesh *et al.* (2001) również odnotowali wyższe plony z powodu wyższych poziomów P2O5 podanych w dawce optymalnej. Similary Chand *et al.* (2005) również odnotowała wyższe plony dzięki wyższym poziomom składników odżywczych.

Plon pietruszki był nieco wyższy u ciecierzycy pojedynczej w porównaniu z ciecierzycą międzyplonową (C2), głównie ze względu na większą populację roślin w ciecierzycy. Oczywiste jest, że wraz ze wzrostem populacji roślin w każdej uprawie będzie wyższy plon pieca. Podobnie jak w przypadku ciecierzycy ciecierzycy w stadium przedkwitnienia i w strąkach (I3), po których następuje jedno nawadnianie w stadium przedkwitnienia (I1) i jedno nawadnianie w stadium napełniania strąków (I2), również w przypadku ciecierzycy ciecierzycy zanotowano wyższe plony z pieca. Można to przypisać lepszemu i dłuższemu wzrostowi w tych zabiegach w porównaniu z brakiem nawadniania (I0). Zalecana dawka nawozów na powierzchnię dla obu upraw (F3) zanotowała również wyższy plon pieca ze względu na lepszą dostępność składników odżywczych.

Ciecierzyca międzyplonowa (C3) odnotowała istotnie wyższy wskaźnik zbioru w pierwszym roku, podczas gdy w drugim roku nie było takiej różnicy między systemami uprawowymi. Może to wynikać z lepszego przenoszenia się fotosyntianów w ciecierzycy wielokwiatowej (C2) w porównaniu z ciecierzycą jednoroczną. Ponieważ 2 nawadniania w fazie przedkwitnienia i napełnienia strąków ciecierzycy (I3) oraz zalecana dawka nawozów na bazie powierzchniowej dla obu upraw (F3) zapewniły wilgotność i składniki pokarmowe w optymalnej ilości przez dłuższy okres czasu, zabiegi te odnotowały wyższy wskaźnik zbioru w porównaniu z innymi zabiegami.

5.3.4 Pobór składników odżywczych

Całkowity pobór N nie miał znaczącego wpływu na systemy upraw w obu latach badań. Można to przypisać podobnej zawartości N w nasionach i piecu w obu systemach uprawowych oraz statystycznie podobnemu plonowi nasion i pieca w obu systemach uprawowych. Nieco mniejsza populacja nie miała wpływu zarówno na plon nasion, jak i łodyg, co w połączeniu z podobną zawartością N w nasionach i łodygach skutkowało pobieraniem par N w obu systemach uprawy. Jednak pobieranie P i S było nieco wyższe w przypadku ciecierzycy pojedynczej w porównaniu z ciecierzycą międzyplonową. Można to przypisać nieco wyższej zawartości P i S, a także nieco wyższemu plonowi nasion i pieca w uprawie jednorocznej ciecierzycy. Wszystkie one razem wzięte odnotowały wyższe pobranie P i S w ciecierzycy pojedynczej w porównaniu z ciecierzycą wielokwiatową (C2). Poziomy nawadniania i zalecana dawka nawozów na podstawie powierzchni w obu uprawach (F3) odnotowały również wyższe pobranie N, P i S z powodu wyższej zawartości tych składników pokarmowych w nasionach i piecu. Ponadto wyższy plon nasion i pieca w tych zabiegach w połączeniu z wyższą zawartością N, P i S wykazywały wyższe pobranie tych składników pokarmowych w porównaniu z brakiem nawadniania (I0), a niższe poziomy tj. odpowiednio 40:60:20 kg N:P2O5 : S /ha (F2) i 20:40:10 kg N:P2O5 : S /ha (F1). Ponieważ poziom nawadniania i optymalny poziom składników odżywczych skutkuje wyższym wzrostem wegetatywnym, większą zawartością składników odżywczych, a następnie wyższymi parametrami plonów i wydajności, ostatecznie spowoduje to wyższe całkowite pobranie N, P i S w tych zabiegach. Singh *et al.* (2004) odnotowali również wyższe pobieranie składników pokarmowych z powodu 2 nawadnień.

5.3.5 Wydajność białka

Ponieważ plon białka jest zależny od zawartości białka w nasionach i plonu nasion, zawartość białka w nasionach i plon nasion przy równym poziomie w systemach uprawowych skutkowały statystycznie podobnym plonem białka wśród systemów uprawowych. Jednak poziom nawadniania ze względu na zwiększoną zawartość białka i plon nasion wykazywał istotnie wyższy plon białka w tych zabiegach w porównaniu z brakiem nawadniania (I0). Może to wynikać z lepszych cech wzrostu i plonowania, a także wyższego plonu nasion w tych zabiegach. Plon białka był również wyższy w zalecanej dawce nawozów obszarowych dla obu roślin (F3), ponieważ charakteryzował się wyższą zawartością białka w nasionach, a także wyższym plonem nasion w porównaniu z innymi poziomami płodności. Singh *i in.* (2004) odnotowali również wyższy plon białka z powodu 2 nawodnień. Ponieważ F3 dostarczała N, P i S w zbilansowanej ilości zgodnie z zapotrzebowaniem ciecierzycy, przyczyniła się do uzyskania wyższej zawartości N, co przyczyniło się do większej syntezy białka, a co za tym idzie, w połączeniu z wyższym plonem białka w nasionach, w porównaniu z innymi poziomami płodności, odnotowała wyższy plon białka.

5.4 Ciecierzyca + system uprawy musztardy

5.4.1 Współczynnik plonów ciecierzycy i ekwiwalentu ziemi

Plon równoważnika ciecierzycy był istotnie wyższy w uprawie międzyplonowej ciecierzycy i gorczycy w stosunku 4:1 (C3). N astępnie ciecierzyca jednogatunkowa, a gorczyca jednogatunkowa (C1) wykazała najmniejszą wydajność równoważnika ciecierzycy w obu latach doświadczenia. Kumar *i in.* (2005) oraz Singh *i in.* (2006) również odnotowały wyższą wydajność równoważnika ciecierzycy ciecierzycy w systemach międzyplonowych.

Systemy upraw międzyplonowych wykorzystywały zasoby w sposób bardziej efektywny w porównaniu z uprawami pojedynczymi. Lepsze wykorzystanie zasobów wzrostu bardziej efektywnie, tłumienie chwastów i zmniejszenie zachorowalności na choroby i szkodniki, co skutkuje ogólną poprawą produkcji w porównaniu z uprawami podeszwowymi, o czym donoszą również Rao i Shetty, (1977). Ponadto nie odnotowano negatywnego wpływu na wydajność poszczególnych upraw, o czym świadczy wyższy plon gorczycy w proporcji do musztardy solnej i statystycznie na poziomie plonu par w ciecierzycy w obu systemach upraw. Spowodowało to wyższy równoważny plon w tym systemie, ponieważ plon gorczycy był dodatni w systemie między uprawami. Caporali *i in.* (1989) stwierdzili również, że im większe są różnice w wymaganiach wobec partnerów międzyplonowych w czasie, tym skuteczniejsza jest kombinacja upraw międzyplonowych. Ponadto, ponieważ wartość nasion ciecierzycy jest wyższa w porównaniu z gorczycą, uprawa wyłącznie ciecierzycy była wyższa w porównaniu z gorczycą jedyną.

Spośród poziomów nawadniania, 2 nawadniania w fazie przedkwitnienia i na etapie napełniania strąków ciecierzycy (I3) odnotowały znacząco wyższy plon równoważnika ciecierzycy w porównaniu do wszystkich innych zabiegów. Zabiegi wykazały ich wyższość w kolejności I3>I2>I1>I0. Ze względu na to, że nawadnianie zapewniało dobry wzrost i dobre plony, powodowało to wyższe plony nasion obu roślin w porównaniu z brakiem nawadniania. Ze względu na to, że 2 nawadniania zapewniały optymalną wilgotność przez dłuższy okres czasu, uzyskano wyższe plony, a następnie jedno nawadnianie albo w fazie przedkwitnienia, albo wypełnienia strąków.

Ponieważ również poziom płodności odnotował wyższy plon nasion obu roślin w kolejności F3>F2 >F1. Równoważny plon systemu również wykazał istotnie wyższy plon w tej samej kolejności. Wynika to ponownie głównie ze zwiększonej dostępności składników pokarmowych w zalecanej dawce nawozów na powierzchni dla obu roślin (F3) w porównaniu z 40:60:20 kg N:P2O5 : S /ha (F2) i 20:40:10 kg N:P2O5 : S /ha (F1). Ponieważ składniki pokarmowe zostały udostępnione zgodnie z zapotrzebowaniem upraw w F3, odnotowała ona wyższy plon w porównaniu z dwoma pozostałymi poziomami płodności. W uprawie międzyplonowej ciecierzycy i gorczycy w stosunku 4:1 (C3) był istotnie wyższy w porównaniu z ich uprawą pojedynczą. Uprawy komponentowe w systemach międzyplonowych tj. ciecierzyca i gorczyca nie uległy negatywnemu wpływowi systemu międzyplonowego. Ciecierzyca odnotowała plon na poziomie plonu równego plonowi pojedynczej rośliny uprawnej w systemie międzyplonowym, natomiast gorczyca odnotowała większy proporcjonalny plon w porównaniu z plonem pojedynczej rośliny uprawnej. W związku z tym uprawa międzyplonowa ciecierzycy i gorczycy w stosunku 4:1 (C3) odnotowała wyższy współczynnik LER w porównaniu z uprawami soli. Gdy uprawy składowe odnotowały wyższe plony w porównaniu z uprawami jednogatunkowymi na danym obszarze, skutkuje to wyższym LER. Poziomy nawadniania i płodności nie miały jednak wpływu na LER, ponieważ były one równie skuteczne zarówno w przypadku upraw podeszwy, jak i międzyplonów.

5.4.2 Ekonomika systemów upraw

Zwrot brutto, zwrot netto i stosunek B:C były istotnie wyższe w uprawie międzyplonowej ciecierzycy i gorczycy w stosunku 4:1 (C3) w porównaniu do wszystkich innych zabiegów. Ciecierzyca jednogatunkowa (C2) zanotowała kolejny najlepszy wynik. Gorczyca solna (C1) zanotowała najniższy zwrot brutto, zwrot netto i stosunek B:C. W porównaniu z innymi rodzajami obróbki, gorczyca solna (C1) zanotowała najniższy zwrot brutto, zwrot netto i stosunek B:C. Ponieważ system międzyplonowy charakteryzował się wyższą wydajnością równoważną ciecierzycy ciecierzycy, był on istotnie lepszy pod względem zwrotu brutto, zwrotu netto i stosunku B:C. Ponieważ inwestycje w systemy międzyplonowe nie różnią się istotnie, wyższy plon systemu przyczyni się do zwiększenia zwrotu brutto, stopy zwrotu netto i stosunku B:C. W związku z tym, że inwestycje w systemy międzyplonowe nie różnią się istotnie, wyższy plon systemu przyczyni się do zwiększenia stopy zwrotu brutto, stopy zwrotu netto i stosunku B:C. Ciecierzyca jednoroczna o wyższej wartości produkcji była istotnie lepsza od musztardy jednorocznej.

Spośród poziomów nawadniania, 2 nawadniania na etapach przedkwitnienia i wypełniania strąków ciecierzycy (I3) odnotowały najwyższy zwrot brutto, zwrot netto w porównaniu z innymi zabiegami. Można to przypisać wyższym plonom nasion obu upraw w tym zabiegu. Gdy dana obróbka zwiększa plony upraw, ma ona tendencję do zwiększania zysków brutto i netto. Najwyższy stosunek B:C odnotowano jednak przy jednym nawadnianiu w stadium napełniania strąków ciecierzycy (I2). PoniewaĪ jedno dodatkowe nawadnianie kosztowaáo wiĊcej w stosunku do produkcji pod wzglĊdem plonu nasion, a tym samym stosunek B:C byá mniejszy w przypadku 2 nawodnień w porównaniu z 1 nawadnianiem. Również poziom płodności miał znaczący wpływ na zysk brutto, zysk netto i stosunek B:C. Zastosowanie zalecanej dawki nawozów na glebę zarówno dla obu roślin (F3), jak i dla obu roślin (F2O5 : S /ha (F2)) miało istotnie wyższy zwrot brutto, zwrot netto i stosunek B:C w porównaniu z 40:60:20 kg N:P2O5 : S /ha (F2), co z kolei istotnie przewyższało 20:40:10 kg N:P2O5 : S /ha (F1). Zapotrzebowanie roślin na nawóz na podstawie ich potrzeb w F3 wykazywało wyższy plon nasion w porównaniu z pozostałymi poziomami płodności, co z kolei wykazywało wyższy zwrot brutto, zwrot netto i wskaźnik B: C. Pozostałe poziomy płodności nie wykazywały większego wpływu na plon nasion, co prowadziło do niższego zwrotu brutto, zwrotu netto i stosunku B:C. Z kolei pozostałe poziomy płodności nie wykazywały większego wpływu na plon nasion, co prowadziło do niższego zwrotu brutto, zwrotu netto i stosunku B:C. Kumar *i in. (2005)* oraz Tripathi *i in.* (2005) również wykazały wyższe zyski netto, zwrot netto i wskaźnik B:C z powodu międzyplonów ciecierzycy.

5.4.3 Stan żyzności gleby po zbiorze plonów

Wśród systemów upraw, dostępny status N i S po zbiorze plonów, był wyższy w przypadku ciecierzycy pojedynczej (C2) w porównaniu z uprawą międzyplonową ciecierzycy i gorczycy w stosunku 4:1 (C3) . Można to przypisać wyższemu poziomowi pozostałości N po zbiorze ciecierzycy w uprawie solnej. Ponadto wyższa aktywność ryzosfery glebowej ciecierzycy może mieć również wpływ na stan dostępności S w ciecierzycy jednorocznej w porównaniu z systemem upraw międzyplonowych. Nienaruszony stan dostępności P w obu systemach upraw można przypisać nieruchliwemu charakterowi i dynamice P w glebie. Zmienny charakter dostępnego N w glebie po zbiorze, wynikający z poziomu nawadniania, można przypisać jego wpływowi na biologiczne wiązanie azotu i jego przenoszenie do zlewów w różnych okresach czasu. Ponieważ fosfor jest dla ciecierzycy ważniejszym składnikiem pokarmowym, jego stan przyswajalny po zbiorze był w dużym stopniu zdeterminowany przez wykorzystanie fosforu przez rośliny. Ponieważ ciecierzyca jest bardziej wydajna w pobieraniu P z gleby, wpływ poziomu nawadniania nie był tak istotny. Tak więc zmienność stanu dostępnego można wyjaśnić dynamiczną interakcją między poborem fosforu z gleby a poziomem nawadniania. Podobnie stan S również nie różnił się znacząco ze względu na poziomy nawadniania. Jednak zmienność stanu dostępnego N, P i S po zbiorze plonów można przypisać ilości tych składników pokarmowych dostarczanych przez nawozy. Ponieważ ilość zastosowanych N, P i S była większa w F3 w porównaniu z F2 i F1, odnotowano wyższy status dostępny, a następnie F2 i F1. Można to wytłumaczyć również wyższym pobieraniem i mniejszą dostępnością w glebie o mniejszej ilości zastosowanych składników pokarmowych, a także mniejszym pobieraniem przy większej ilości zastosowanych składników pokarmowych.

VI. PODSUMOWANIE I WNIOSKI

W gospodarstwie badawczym Agronomia A. S. College w Lakhaoti w sezonie *rabi* 2005-2006 i 2006-2007 przeprowadzono badania terenowe zatytułowane **"Wpływ nawadniania i poziomu płodności na system uprawy międzyplonów ciecierzycy i gorczycy":**

- Badanie wpływu nawadniania na system międzyplonowy ciecierzycy + musztardy.
- Badanie wpływu różnych poziomów płodności na system międzyplonowy ciecierzycy + musztardy.
- Badanie interakcji między nawadnianiem a poziomem płodności, jeśli takie istnieją, na systemie międzyplonowym grochu kurczaka + musztardy.
- Opracowanie ekonomiki produkcji roślinnej ciecierzycy + systemu międzyplonów musztardy.

Zabiegi polegały na połączeniu 3 systemów uprawy, tj. gorczycy solnej (C1), ciecierzycy solnej (C2) oraz uprawy międzyplonowej ciecierzycy i gorczycy w stosunku 4:1 (C3) i 4 poziomów nawadniania, tj. bez nawadniania (I0), jedno nawadnianie w stadium przedkwitnienia ciecierzycy ciecierzycy (I1), jedno nawadnianie w stadium napełniania strąków ciecierzycy (I2) oraz 2 nawadnianie w stadium przedkwitnienia i napełniania strąków ciecierzycy (I3) na głównych działkach i 3 poziomy płodności, tj. 20:40:10 kg N:P2O5 : S /ha (F1) , 40:60:20 kg N:P2O5 : S /ha (F2) oraz zalecana dawka nawozów na podstawie powierzchni dla obu upraw (F3) na podpowierzchniach w konstrukcji dzielonej, replikowana trzykrotnie. Jako rośliny testowe zastosowano ciecierzycę siewną odmiany "Avrodhi" i gorczycę siewną odmiany "B70". Gleba na stanowisku badawczym była piaszczysto-gliniasta o strukturze, średniej żyzności i lekko zasadowa w odczynie. Pogoda w obu latach badań była w zasadzie normalna i pozbawiona ekstremalnych warunków. Doświadczenie przeprowadzono według standardowych procedur, a wszystkie obserwacje przed i po zbiorze były rejestrowane i analizowane zgodnie z zalecanymi procedurami statystycznymi. Istotne wyniki badania zostały przedstawione w sposób punktowy w kolejnych punktach.

6.1 Musztarda

- Na wysokość roślin musztardy nie miały wpływu systemy uprawowe przy 30 i 60 DAS, ale przy 90 DAS, a przy zbiorach musztarda międzyplonowa odnotowała wyższe rośliny w porównaniu z musztardą solną. Najwyższa wysokość roślin została odnotowana przez 2 nawadniania, po których następowało jedno nawadnianie albo w okresie przedkwitnienia, albo przy napełnianiu strąków, w porównaniu z brakiem nawadniania. Ponadto zalecana dawka nawozów na podstawie powierzchni dla obu upraw (F3) odnotowała najwyższą wysokość roślin, a następnie F2 i F1.
- Systemy uprawy nie miały wpływu na liczbę gałęzi na roślinę musztardy. Podobnie poziom nawadniania również nie miał znaczącego wpływu na wysokość roślin przy 30 i 60 DAS. Jednak przy 90 DAS i przy zbiorze, 2 irygacje odnotowały większą liczbę gałęzi z rośliny, a następnie 1 nawadnianie albo w fazie przedkwitnienia, albo wypełnienia strąków, w porównaniu z brakiem nawadniania. Liczba rozgałęzień na roślinie była istotnie wyższa w F3, a najniższa liczba rozgałęzień na roślinie w F1.
- Systemy uprawowe nie miały wpływu na gromadzenie się suchej masy w musztardzie w różnych fazach wzrostu upraw. Poziomy nawadniania nie miały istotnego wpływu na akumulację suchej masy w 30 i 60 DAS, ale w późniejszych fazach 2 nawadniania odnotowały istotnie większą akumulację suchej masy, a następnie 1 nawadnianie albo w fazie przedkwitnienia, albo tworzenia strąków, w porównaniu z brakiem nawadniania. Zalecana dawka nawozów na podstawie powierzchni dla obu upraw (F3) odnotowała wyższą akumulację suchej masy w porównaniu z innymi zabiegami.
- Stwierdzono istotny wpływ interakcji pomiędzy różnymi zabiegami na akumulację suchej masy tylko w pierwszym roku, w którym kombinacja C1 i I1 oraz C3 i F3 przy 60 DAS; C1 i F3 oraz I2 i F3 przy 90 DAS oraz C1 i I3 przy zbiorze odnotowała najwyższą akumulację suchej masy w gorczycy.
- Systemy uprawy nie miały wpływu na LAI. Poziomy nawadniania nie miały wpływu na LAI przy 30 i 60 DAS, ale przy 90 DAS odnotowały one znacząco wyższe LAI w porównaniu z brakiem nawadniania. Zalecana dawka nawozów na glebę w obu uprawach (F3) była istotnie wyższa, a następnie 40:60:20 kg N:P2O5 : S /ha (F2) i 20:40:10 kg N:P2O5 : S /ha (F1).

- Kombinacje C3 i I3 oraz I3 i F3 na 30 DAS w pierwszym roku; C1 i F3 oraz I3 i F3 na 90 DAS w drugim roku odnotowały najwyższy LAI spośród różnych kombinacji.
- Chociaż systemy uprawowe miały wpływ na dni do 50 % kwitnienia w pierwszym roku, w drugim roku gorczyca międzyplonowa (C3) odnotowała dłuższy okres do 50 % w porównaniu z uprawami solnymi. Dni do 50% kwitnienia nie były uzależnione od poziomu nawadniania. Zalecana dawka nawozów na powierzchni do obu upraw (F3) zajmowała dłuższy okres do 50% kwitnienia w porównaniu z F2 i F1.
- Kombinacja I2 i F3 odnotowała dłuższy okres kwitnienia do 50% w porównaniu z innymi kombinacjami, a następnie I1 i F3.
- Dni do fizjologicznej dojrzałości były wyższe w musztardzie międzyplonowej. Po 2 irygacjach , po których następowało 1 nawadnianie w okresie przedkwitnienia lub napełniania strąków oraz F3 poziom płodności notowano dłuższy okres dojrzałości fizjologicznej w porównaniu z brakiem nawadniania i niższym poziomem płodności (F2 i F1).
- W musztardzie międzyplonowej (C3) liczba silikonów na roślinę była istotnie wyższa niż w musztardzie solnej (C1) w pierwszym roku doświadczenia. Jednak w drugim roku nie było ich między systemami uprawowymi. Zastosowanie 2 nawodnień w fazach przedkwitnienia i wypełnienia strąków ciecierzycy (I3) odnotowało najwyższą liczbę silikonów na roślinę w porównaniu do wszystkich innych zabiegów nawadniających. Zalecana dawka nawozów na powierzchnię dla obu upraw (F3) odnotowała wyższą liczbę silikonów na roślinę w porównaniu z innymi poziomami płodności.
- Kombinacja I3 i F3 odnotowała największą liczbę krzemianów w porównaniu z innymi kombinacjami, a następnie I1 i F3. Najniższą zaobserwowano w I0 i F1 w drugim roku badań, natomiast w pierwszym roku nie zaobserwowano takiego efektu interakcji.
- Systemy uprawowe nie miały istotnego wpływu na liczbę nasion w silikonach. Jednak wszystkie poziomy nawadniania przy zachowaniu parytetu odnotowały istotnie większą liczbę nasion na krzemionkę w porównaniu z brakiem nawadniania. Podobnie F3 również odnotowała istotnie wyższą liczbę nasion na krzemionkę w porównaniu z innymi poziomami płodności.

- Na plon nasion z rośliny istotny wpływ miały systemy uprawowe, a oba systemy uprawowe odnotowywały plon nasion z rośliny na równi z innymi. Wszystkie poziomy nawadniania przy równym poziomie notowały wyższy plon nasion z rośliny w porównaniu z brakiem nawadniania. F3 odnotowała istotnie wyższy plon nasion z rośliny w porównaniu z F2 i F1.
- Kombinacje C1 i I3 tylko w pierwszym roku oraz kombinacje I2 i F3 w pierwszym roku i I3 i F3 w drugim roku wykazały najwyższy plon nasion z rośliny spośród różnych kombinacji.
- Waga 1000 nasion gorczycy nie uległa znacznemu wpływowi zabiegów systemu uprawowego w obu latach doświadczenia. Wszystkie nawadniania w porównaniu z brakiem nawadniania, F3 w zakresie płodności, odnotowały istotnie większą masę 1000 nasion.
- Jedyna musztarda odnotowała znacznie wyższe plony musztardy w porównaniu z musztardą uprawianą międzyplonowo. Zbyt wysoki poziom nawadniania odnotował istotnie wyższe plony w porównaniu z brakiem nawadniania. Jednakże 2 nawadniania w fazie przedkwitnienia i w strąkach ciecierzycy (I3) oraz jedno nawadnianie w fazie napełniania strąków ciecierzycy (I2) były lepsze niż jedno nawadnianie w fazie przedkwitnienia ciecierzycy (I1). Rekomendowana dawka nawozów w przeliczeniu na powierzchnię dla obu upraw (F3) charakteryzowała się istotnie wyższym plonem w porównaniu z pozostałymi 2 stopniami plenności.
- Kombinacje C1 i I3 oraz C1 i F3 w obu latach oraz I2 i F3 w drugim roku wykazały najwyższy plon nasion spośród różnych kombinacji.
- Plon łodyg był istotnie wyższy w gorczycy solnej w porównaniu z gorczycą międzyplonową (C3). Jednak poziom nawadniania i płodności nie miał wpływu na plon łodygi i stwierdzono, że są one na równi z innymi.
- Kombinacje C1 i I0, C1 i F1 oraz I0 i F1 odnotowały najwyższy plon szypułek spośród różnych kombinacji w pierwszym roku badań, natomiast w drugim roku nie zaobserwowano takich efektów interakcji.
- Systemy uprawowe nie miały istotnego wpływu na wskaźnik zbioru. Poziomy nawodnień I3 i I2 przy parze notowały istotnie wyższy wskaźnik plonu w porównaniu z I1 i I0. Wśród poziomów płodności F3 odnotowała istotnie wyższy wskaźnik plonu niż F2 i F1.
- Systemy uprawowe nie miały wpływu na zawartość N i S w nasionach . Jednak zawartość P w nasionach była wyższa w uprawie tylko gorczycy. Zawartość N, P i

S była wyższa w nasionach z nawadnianiem w porównaniu z brakiem nawadniania. Również zalecana dawka nawozów na powierzchnię dla obu upraw (F3) charakteryzowała się najwyższą zawartością N, P i S w nasionach w porównaniu z innymi zabiegami.

- Kombinacje C3 i I3, C3 i F3 oraz I3 i F3 odnotowały najwyższą zawartość N w nasionach gorczycy wśród różnych kombinacji w pierwszym roku doświadczenia, podczas gdy w drugim roku nie zaobserwowano takich efektów interakcji.
- Kombinacje C3 i I1 odnotowały najwyższą zawartość P w nasionach spośród różnych kombinacji w pierwszym roku doświadczenia, natomiast w drugim roku nie zaobserwowano takich efektów interakcji.
- Systemy uprawy nie miały znaczącego wpływu na zawartość N, P i S w łodydze musztardy. Wszystkie poziomy nawadniania przy zachowaniu parytetu odnotowały istotnie wyższe wartości zawartości N, P i S w łodydze w porównaniu z brakiem nawadniania. W F3 odnotowano wyższe wartości zawartości N, P i S w łodydze w porównaniu z innymi poziomami.
- Kombinacje C1 i F3 odnotowały najwyższą zawartość N w łodydze wśród różnych kombinacji w pierwszym roku doświadczenia, podczas gdy w drugim roku nie zaobserwowano takich efektów interakcji.
- Ponadto połączenie C3 i F3 w obu latach oraz I3 i F3 w drugim roku odnotowało znacznie wyższą zawartość S w łodydze musztardy
- Całkowita absorpcja N, P i S była istotnie wyższa w musztardzie solnej w porównaniu z musztardą międzyplonową (C3). Ponadto poziom nawadniania odnotował wyższe pobranie N, P i S w porównaniu z brakiem nawadniania. Najwyższy pobór wynikający z płodności obserwowano w przypadku musztardy F3.
- Kombinacje C1 i I2, w pierwszym roku, C1 i I3 w drugim roku; C1 i F3 w obu latach odnotowały najwyższą absorpcję N wśród różnych kombinacji. Pobór P był najwyższy w kombinacjach C1 i I3, a C1 i F3 w obu latach doświadczeń. Pobór S był najwyższy w kombinacji C1 i F3 tylko w pierwszym roku.
- Systemy uprawowe nie miały wpływu na zawartość oleju w nasionach. Jednak plon oleju był istotnie wyższy w gorczycy solnej w porównaniu z gorczycą międzyplonową (C3). Zawartość oleju w nasionach i plon oleju były istotnie wyższe w poziomie nawadniania w porównaniu z brakiem nawadniania. Poziomy płodności wykazywały również zróżnicowaną zawartość oleju w nasionach i w

plonie oleju. Najwyższą zawartością oleju i plonem oleju charakteryzowała się musztarda F3.

- Kombinacje C1 i I3 oraz C1 i F3 w trakcie obu lat oraz I2 i F3 w trakcie pierwszego roku oraz I3 i F3 w trakcie drugiego roku wykazały najwyższą wydajność ropy spośród różnych kombinacji.

6.2 Ciecierzyca

- Na wysokość roślin ciecierzycy nie miał istotny wpływ system uprawy w żadnym z etapów wzrostu roślin. Przy poziomie nawadniania równym 30 DAS odnotowano wyższą wysokość roślin w późniejszych fazach w porównaniu z brakiem nawadniania. Nie zaobserwowano wyraźnej tendencji w zakresie wpływu poziomu płodności na roślinę ciecierzycy. Jednakże F3 odnotowała wyższą wysokość roślin w porównaniu z innymi poziomami płodności.
- Kombinacje I1 i F3 przy 60 DAS oraz C3 i I2 przy 90 DAS w pierwszym roku; I1 i F3 przy 90 DAS w obu latach; I2 i F3 w pierwszym roku oraz I3 i F3 w drugim roku przy zbiorze odnotowały najwyższą wysokość roślin spośród różnych kombinacji.
- Systemy uprawy nie miały zróżnicowanego wpływu na liczbę gałęzi na roślinę ciecierzycy. Poziomy nawadniania nie miały wpływu na liczbę rozgałęzień na roślinie przy 30 i 60 DAS, podczas gdy w późniejszych etapach odnotowano większą liczbę rozgałęzień na roślinie w porównaniu z brakiem nawadniania. Zalecana dawka nawozów na powierzchnię zarówno dla roślin uprawnych (F3) odnotowała istotnie większą liczbę rozgałęzień na roślinie w 60, 90 DAS i przy zbiorze w pierwszym roku oraz 90 DAS i przy zbiorze w drugim roku w porównaniu z innymi poziomami.
- Kombinacje I1 i F3 przy 60 DAS oraz C3 i I2 przy 90 DAS w pierwszym roku; I1 i F3 przy 90 DAS w obu latach; C3 i I2 przy zbiorze w pierwszym roku; I3 i F3 w pierwszym roku oraz I3 i F1 w drugim roku przy zbiorze odnotowały największą liczbę gałązek ciecierzycy w każdej roślinie spośród różnych kombinacji.
- Akumulacja suchej masy na roślinę była większa u ciecierzycy międzyplonowej w porównaniu z ciecierzycą jednoroczną w pierwszym roku, natomiast w drugim roku nie zaobserwowano takiego efektu w systemach uprawowych. Poziomy nawadniania nie miały wpływu na akumulację suchej masy w 30 i 60 DAS, podczas gdy w późniejszych fazach nawadniania wszystkie poziomy

nawadniania charakteryzowały się większą akumulacją suchej masy w porównaniu z brakiem nawadniania. Wśród poziomów płodności F3 odnotowała istotnie większą akumulację suchej masy w porównaniu z F1 i F2, począwszy od 60 DAS.

- Kombinacje I1 i F3 w pierwszym roku przy 60 DAS ; I3 i F2 w pierwszym roku oraz I1 i F3 w drugim roku przy 90 DAS w obu latach; I3 i F2 w pierwszym roku; I1 i F3 w drugim roku przy zbiorze odnotowały najwyższą akumulację suchej masy na roślinę ciecierzycy olbrzymiej wśród różnych kombinacji.
- Systemy uprawy nie miały wpływu na LAI. Poziomy nawadniania na poziomie 30 DAS, przy 60 i 90 DAS, były wyższe w porównaniu z brakiem nawadniania. Poziomy płodności nie miały znaczącego wpływu na LAI w większości etapów obserwacji. Jednakże F3 odnotowała wyższe wartości LAI w porównaniu z innymi poziomami.
- Kombinacje I1 i F3 odnotowały najwyższy wskaźnik LAI ciecierzycy wśród różnych kombinacji przy 60 DAS.
- Wszystkie zabiegi tj. systemy uprawowe, poziom nawadniania i płodności nie miały zróżnicowanego wpływu na dni do 50% kwitnienia. Systemy uprawowe nie miały również wpływu na dni do fizjologicznej dojrzałości. Jednak poziom nawadniania zwiększył liczbę dni do osiągnięcia dojrzałości fizjologicznej w porównaniu z brakiem nawadniania. Co więcej, poziom płodności również miał znaczący wpływ na dni do osiągnięcia dojrzałości fizjologicznej, przy czym F3 odnotowała dłuższy czas trwania w porównaniu z F2 i F1.
- Kombinacje C1 i I3 odnotowały najdłuższy okres dojrzałości fizjologicznej ciecierzycy ciecierzycy wśród różnych kombinacji.
- Liczba strąków na roślinę była większa w ciecierzycy wielokwiatowej (C2) w porównaniu z ciecierzycyątką jednoroczną (C2). Przeprowadzono 2 irygacje w fazie przedkwitnienia i napełniania strąków ciecierzycy (I3), a następnie jedną irygację w fazie napełniania strąków ciecierzycy (I2), które wykazały większą liczbę strąków w porównaniu z innymi zabiegami. Zalecana dawka nawozów na podstawie powierzchni w odniesieniu do obu upraw (F3) odnotowała również większą liczbę strąków w porównaniu z F2 i F1.
- Ciecierzyca międzyplonowa (C3) odnotowała istotnie wyższy plon nasion z rośliny w porównaniu z ciecierzycą jednoroczną (C2). Spośród poziomów

nawadniania, 2 nawadniania w fazie przedkwitnienia i w strąkach ciecierzycy (I3) odnotowały najwyższy plon nasion z rośliny w porównaniu z pozostałymi zabiegami. Zalecana dawka nawozów na powierzchnię dla obu upraw (F3) zanotowała najwyższy plon nasion z rośliny, natomiast 20:40:10 kg N:P2O5 : S /ha (F1) zanotowała najniższy plon nasion z rośliny.

- Na masę 100 nasion ciecierzycy w żadnym z lat badań nie wpłynęła istotnie żadna z zabiegów.
- Systemy uprawowe nie miały istotnego wpływu na plon nasion ciecierzycy. Spośród poziomów nawadniania, 2 nawadniania w fazie przedkwitnienia i podsypywania ciecierzycy (I3) wykazały istotnie wyższy plon nasion w porównaniu do wszystkich innych zabiegów. W przypadku F3, która była na równi z F2, plon nasion był istotnie wyższy w porównaniu z F1.
- Systemy uprawowe nie miały również istotnego wpływu na wydajność pieca. Po dwóch irygacjach odnotowano najwyższy plon pieca, po jednym nawadnianiu w fazie przedkwitnienia i napełniania strąków, a po trzech odnotowano istotnie wyższy plon pieca w porównaniu z brakiem nawadniania. W przypadku F3, która była na równi z F2, plon pieca był istotnie wyższy w porównaniu z F1.
- Kombinacje I3 i F3 odnotowały najwyższy plon nasion ciecierzycy wśród różnych kombinacji tylko w pierwszym roku.
- Ciecierzyca międzyplonowa (C3) odnotowała wyższy wskaźnik zbioru w porównaniu z ciecierzycą jednoroczną. W 2 nawadnianiach w fazie przedkwitnienia i wypełnienia strąków ciecierzycy (I3) odnotowano istotnie wyższy wskaźnik zbioru w porównaniu do wszystkich innych zabiegów. Istotnie różniące się od siebie poziomy płodności wykazywały wyższą kolejność zbioru w kolejności F3>F2 >F1.
- Kombinacje I3 i F3 odnotowały najwyższy wskaźnik zbioru ciecierzycy wśród różnych kombinacji w obu latach.
- Systemy uprawowe wpływały na zawartość N, P i S w nasionach ciecierzycy. Wszystkie równorzędne poziomy nawadniania wykazywały istotnie wyższą zawartość N w nasionach w porównaniu z brakiem nawadniania (I0). Podobną tendencję zaobserwowano w odniesieniu do P w pierwszym roku i S w obu latach badań. W przypadku F3 równorzędnego z F2 stwierdzono istotnie większą zawartość N, P i S w nasionach w porównaniu z F1.

- Na zawartość N, P i S w piecu nie miał istotny wpływ żaden z zabiegów w obu latach badań. Natomiast I3 wśród poziomów nawadniania, a F3 wśród poziomów płodności odnotowała najwyższą zawartość N, P i S w piecu.
- Kombinacje C3 i F3 ; I2 i F3 odnotowały najwyższą zawartość S w łodydze ciecierzycy siewnej wśród różnych kombinacji tylko w pierwszym roku.
- Całkowity pobór N nie miał znaczącego wpływu na systemy uprawowe. Całkowity pobór P i S był wyższy u ciecierzycy pojedynczej Wśród poziomów nawadniania, 2 nawadniania w fazie przedkwitnienia i w strąkach ciecierzycy (I3) wykazały wyższy pobór N, P i S. Podobnie rekomendowana dawka nawozów na powierzchnię dla obu upraw (F3) odnotowała istotnie wyższy pobór N, P i S w porównaniu z innymi poziomami płodności.
- Kombinacje I3 i F3 odnotowały najwyższy pobór N i P przez ciecierzycę wśród różnych kombinacji tylko w pierwszym roku.
- Systemy uprawy nie miały wpływu na zawartość białka w nasionach i plon białka przez ciecierzycę. Wszystkie poziomy nawadniania również wykazały wyższą zawartość białka w porównaniu z brakiem nawadniania. Podczas gdy plon białka z powodu poziomów nawadniania był rzędu I3>I2>I1, na zawartość białka i plon białka istotnie wpływał poziom płodności. A zabiegi wykazywały przewagę w kolejności F3>F2 >F1.
- Kombinacje I3 i F3 odnotowały wydajność białka ciecierzycy w różnych kombinacjach tylko w pierwszym roku. Następne w kolejności były I3 i F2.

6.3 Systemy uprawowe

- Plon równoważnika ciecierzycy był istotnie wyższy w uprawie międzyplonowej ciecierzycy i gorczycy w stosunku 4:1 (C3). Następne w kolejności były ciecierzyca jednoroczna i gorczyca jednoroczna. Spośród poziomów nawadniania, 2 nawadniania w fazie przedkwitnienia i podsypywania ciecierzycy (I3) wykazały istotnie wyższy plon równoważnika ciecierzycy w porównaniu do wszystkich innych zabiegów. Poziomy płodności wykazywały wyższą wydajność równoważnika ciecierzycy w kolejności F3>F2 >F1.
- Kombinacje C3 i I3 odnotowały najwyższą wydajność ekwiwalentu ciecierzycy wśród różnych kombinacji w obu latach badań. Kombinacje C3 i F3; I3 i F3 odnotowały istotnie wyższy plon równoważnika ciecierzycy tylko w drugim roku.

- Współczynnik LER (land equivalent ratio) był istotnie wyższy w uprawie międzyplonów ciecierzycy i gorczycy w stosunku 4:1 (C3) w porównaniu z uprawą solną gorczycy i ciecierzycy. Inne zabiegi, tj. nawadnianie i poziom płodności, nie miały istotnego wpływu na LER.
- Najwyższy zwrot brutto, zwrot netto i B:C odnotowano w przypadku międzyplonów ciecierzycy i gorczycy w stosunku 4:1, a następnie ciecierzycy solnej. Spośród poziomów nawadniania, 2 nawadniania w fazie przedkwitnienia i w strąkach ciecierzycy (I3) odnotowały wyższy zwrot brutto i netto, natomiast najwyższy stosunek B:C odnotowano w jednym nawadnianiu w fazie napełniania strąków ciecierzycy (I2). Poziomy płodności odnotowały wyższy zwrot brutto, zwrot netto i B:C w kolejności F3>F2 >F1.
- Kombinacje C3 i I3 odnotowały najwyższą stopę zwrotu brutto spośród różnych kombinacji w obu latach studiów. Kombinacje C3 i F3; I3 i F3 odnotowały najwyższą stopę zwrotu brutto dopiero w drugim roku studiów. Podobnie w kombinacjach C3 i I3 odnotowano najwyższą stopę zwrotu netto spośród różnych kombinacji w obu latach studiów. Kombinacje C3 i F3; I3 i F3 odnotowały najwyższą stopę zwrotu netto dopiero w drugim roku. Kombinacja I2 i C3 odnotowała najwyższy współczynnik B:C wśród wszystkich kombinacji leczenia w obu latach badania.
- Dostępny stan N i S w glebie był wyższy w przypadku ciecierzycy pojedynczej (C2) wśród systemów uprawowych. Systemy uprawowe nie miały wpływu na dostępny stan P. W przypadku ciecierzycy zwykłej (C2) systemy uprawowe nie miały wpływu na dostępny stan P. Zastosowanie jednego nawodnienia w fazie napełniania strąków ciecierzycy (I2) odnotowało wyższy dostępny stan N po zbiorze, a następnie 2 nawodnienia w fazie przedkwitnienia i napełniania strąków ciecierzycy (I3). Dostępny stan P był wprawdzie wysoki przy zastosowaniu jednego nawodnienia w stadium przedkwitnienia ciecierzycy (I1) w pierwszym roku, jednak w drugim roku nie zaobserwowano takich różnic. Na dostępny stan S miały wpływ poziomy nawadniania. Dostępny stan N, P i S był wyższy w kolejności F3>F2 >F1.
- Połączenie C2 i I1 odnotowało najwyższy status N w drugim roku; I3 i F3 w pierwszym roku, C1 i I1 odnotowały najwyższy status S odpowiednio w pierwszym i drugim roku.
-

6.4 Ustalenia dotyczące użyteczności praktycznej

- System uprawy międzyplonowej ciecierzycy i gorczycy w stosunku 4:1 jest znacznie lepszy w porównaniu z uprawą wyłącznie ciecierzycy lub gorczycy. A pomiędzy ciecierzycą a gorczycą, uprawa ciecierzycy jest lepsza w porównaniu z gorczycą.
- Jeżeli dostępne są 2 irygacje, ich zastosowanie w fazie przedkwitnienia i napełniania strąków ciecierzycy spowoduje większe plony i większe zyski netto. Jednakże w przypadku wyższego stosunku B: C, jedno nawadnianie w stadium napełniania strąków ciecierzycy (I2) byłoby lepsze.
- Stosowanie zalecanej dawki nawozów na powierzchnię w obu uprawach będzie większe w porównaniu z 20:40:10 kg N:P2O5 : S /ha lub 40:60:20 kg N:P2O5 : S /ha.

6.5 Propozycje dotyczące przyszłego kierunku prac

- Ponieważ w tym eksperymencie wypróbowano tylko jedną proporcję ciecierzycy i musztardy, tj. 4:1, istnieje możliwość wypróbowania innych proporcji w celu zwiększenia wydajności systemu międzyplonowego.
- Ponieważ poziomy nawadniania opierały się na krytycznych stadiach rozwoju ciecierzycy, może ona nie być odpowiednia dla musztardy, należy zatem określić etapy nawadniania odpowiednie dla obu upraw.
- Ponieważ nie było kontroli, nie można było ocenić rzeczywistej skuteczności poziomu płodności w systemach upraw, dlatego też istnieje potrzeba oceny poziomu płodności w stosunku do kontroli absolutnej.

REFERENCJE

Ahlawat, I.P.S., Gangaiah, B. i Singh, O. (2005). Irrigation requirement in gram (*Cicer arietinum*)+Indian mustard (*Brassica juncea*) intercropping system. *Indyjska musztarda J. Agric. Sci.,* **75**(1): 23-26.

AICRPO (1983-84). All India Co-ordinated Research Project on oil seeds. *Roczne sprawozdanie z postępu prac,* Dyrekcja ds. Badań nad Nasionami Oleistymi, s. 273-279.

Ali, M.M., Karim M.M. i Khalique, M.A. (1976). Wpływ nawadniania i azotu na musztardę. *Bangladesz J. Agric.*, **1**: 5.

Allan, E.J. i Morgan, D.G. (1972). A quantitative analysis of the effect of nitrogen on growth, development and yield of oil seed rape. *J. Agric. Sci. Camb.,* **78**: 315-324.

Anonimowy (2004). *Survey of Indian Agriculture*, Opublikowane przez *The Hindus,* s. 39-47.

Antil, R.S., Kumar, V. i Singh, M. (1986). Effect of nitrogen on yield and the absorbake of nitrogen at different growth stages of raya (*Brasica juncea Coss*). *Indian J. Agron.,* **31**(1): 37-44.

Arthamwar, D.N., Shelke, V. B., Mundhe, P.R., Dhoble, M.V. i Ekshinge, B.S. (1996). Effect of nitrogen and phosphorus levels on yield and nutrient absorptake by mustard. *J. Mah. Agric. Univ.*, **21** (3): 378-380.

Asthana, A.N. (1973). Wyniki porównawcze gatunków i odmian *Brassica* w warunkach nawadniania. *Indian J. Agric. Sci.,* **43**: 38-41.

Avanesh, K. i Singh, B.P. (2001). Effect of row ratio and phosphorus level on performance of chickpea (*Cicer arietinum*)+ Indian mustard (*Brassica juncea*) intercropping. *Indian J. Agron.,* **51**(2): 100-102.

Baker, F.F.I. i Norman, D.W. (1975). System upraw w południowej Nigerii. *Proc. Warsztat systemu upraw.* IRRI, Los Banos (Filipiny).

Baker, F.F.I. i Yusuf, Y. (1976). Badania nad uprawami mieszanymi w Samaru, Nigeria. Symp. Uprawy międzyplonowe na *obszarach półpustynnych.* Morogoro, Tanzania.

Bandopadhyay, P. i Bose, P. (2004). Effect of irrigation and phosphorus on growth, yield and oil content of short duration mustard. *Indian Agric.,* **48**(3-4): 223-225.

Bhadoria, R.B.S i Chauhan, D.V.S (1994). Wpływ nawożenia i zwalczania chwastów w musztardzie indyjskiej (*Brassica juncea*). *Indian J. Agron*., **39** (4): 690-691.

Bhan, S. i Singh, A. (1978). Uwaga na temat reakcji musztardy *(Brassica juncea L. Czern i Coss*) na nawozy NPK w centralnym traktorze U.P. *Indian J. Agric. Res*., **10** (3): 207-208.

Bharadwaj, G.S. (1990). Response of improved varieties of mustard to different levels of nitrogen under northern conditions of Madhya Pradesh, Haryana. *J. Agron.,* **6** (1) 29-32.

Bharadwaj, G.S. (1991). Reakcja odmian musztardy (*Brassica juncea)* na azot w północnej części Madhya Pradesh. *Indian J. Agron.* **36** (3): 382-384.

Bhari, N.R., Siag, R.K. i Mann, P.S. (2000). Reakcja musztardy indyjskiej (*Brassica juncea*) na azot i fosfor w torfowiskach północno-zachodniego Radżastanu. *Indian J. Agron*., **45** (4): 746-751.

Bhat, S.A., Khan, F.A. i Khan, M.I. (2006). Effect of nitrogen and phosphorus on growth, nutrient content, seed yield and quality of mustard. *Indian J. Pl. Physiol.,* **11**(3): 281-286.

Bishnoi, K.C. i Singh, K. (1979). Wpływ odmian z terminów siewu i poziomów N na plonowanie i cechy plonu na Raya. *Indian J. Agron.* **24** (2): 123-129.

Bollard, M.D.A, i Siddique, K.H.M., Loss, S.P. i Baker, M.J. (1999). Comparing response of grain legumes, wheat and canola to application of supper phosphate. Cykl życia *składników pokarmowych w ekosystemie Agro*. **53** (2): 157-175

Brennan, R.F., Mason, M.G. i Walton, G.H. (2000). Effect of nitrogen fertiliser on the concentration of oil and protein in canola (*Brassica napus*) seed. *J. Roślina. Nutr.* 23 (3): 339-348.

Chaiara, N.J. i Damor, U.M. (1982). Effect of irrigation intervals and various levels of nitrogen and phosphorus on the yield of mustard variety, Varuna. *Indian J. Agron.,* **27**(4): 472-474.

Chand, S. i Tripathi, A.K. (2005). Wpływ nawożenia fosforem na plon, jakość, pobieranie składników pokarmowych i energetykę systemów międzyplonowych ciecierzycy i gorczycy indyjskiej. *Haryana J. Agron.,* **21**(2): 164-168.

Chand, S., Tripathi, H.N. i Tripathi, A.K. (2004). Phosphorus requirement of gram (*Cicer arietinum*) Indian mustard (*Brassica juncea*) intercropping system under irrigated conditions. *Indyjska musztarda J. Agric. Sci.,* **74**(4): 207-209.

Chauhan, C.P.S., Singh, S.P., Phatak, D.C. i Bhudyal (1988). Zapotrzebowanie na azot i fosfor przy uprawie gorczycy w ramach nawadniania słoną wodą. *Ann. Jałowa. Strefa.*, **27** (3-4): 293-296.

Choudhary, A.K., Badiyala, D. i Negi, P.S. (2002). Effect of varying levels of fertilizer on growth and yield of *Brassica* spp. under rainfed conditions of north western Himalayas. *In Extended Summaries*, Vol. 1: 2nd International Agronomy Congress: 462 – 463.

Chowdhary, P.C. and Bose, R.C. (1986) Effect of irrigation and fertilizer on the yield of mustard *(Brassica juncea). Indian J. Agron.*, **30** (4): 313-316.

Dalal, R.C. (1974). Effect of intercropping of maize with pigeon peaon groch na grain yield and nutrient absorptake. *Wydalenie. Agric.*, **10**: 219-224.

Deekshitulu, V.V.R. i Subbaiah, G.(1997). Zapotrzebowanie na azot i S musztardy indyjskiej *(Brassica juncea)* w glebach gliniastych strefy Krishna-Godhavari w A.P. *Indian J.Agric.Sci.* **67** (10): 483-484.

Deekshitulu, V.V.R., Subbaiah, G., Raghavaiah, R.V. i Singh, M.(1998). Effect of nitrogen and Sulphur on seed yields, oil content and oil yield of Indian mustard *(Brassica juncea) J. Oil Seeds Res.* **15**(2): 255-256.

Donald, C.M. (1963). Konkurencja wśród roślin uprawnych i pastwiskowych. *Adv. Agron.* **15**: 11-18.

Dubey, O.P. i Khan, R.A. (1993a). Wpływ azotu i siarki na suchą masę, plon ziarna i zawartość azotu w różnych fazach wzrostu gorczycy *(Brassica juncea) pod wpływem nawadniania* pionowego. *Indian J. Agron.*, **38** (2): 270-276.

Durga, K.K., Rao, Y.K. i Reddy, M.V. (2005). Performance of chickpea genotypes under irrigated and unirrigated conditions. *Legume Res.*, **28**(3): 226-228.

FAI 2006. *Fertiliser Statistics*, Fertiliser Association of India, New Delhi.

Gangasaran i Giri, G. (1988). Wpływ nawadniania i czasu stosowania azotu na musztardę *(Brassica juncea* Coss*). Indian J. Agron.*, **33**(2): 154-158.

Gangasaran i Giri, G. (1990). Influence of Nitrogen, Phosphorus and Sulphur on mustard under semi-arid conditions of North West India. *Indian J. Agron.*, **35** (1-2): 131-136.

Gangasaran, Halfwit, I.P.S i Yaduraju, N.T. (1989). *Terminologia agronomiczna.* Indian Society of Agronomy, New Delhi.

Garnayak, L.M., Singh, N.P., Singh, S. i Paikaray, P.K.(2000). Influence of irrigation and nitrogen on growth, yield and nutrient absorbake by late-sown *Brassica* oilseeds. *Indian J. Agron.* **45**(2): 371-378.

Ghadge, D.K., Hamid, A., Sajid, M., Kharche, P.V. i Jiotode, D.J. (2005). Effect of irrigation, phosphorus and sulphur on the wakeakeake and availability of sulphur, nitrogen and phosphorus in mustard (*Brassica juncea*). *Crop Res. Hisar.,* **29**(2): 192-197.

Giri, P.R., Khawale, V.S., Pawar, W.S. i Sonawale, A.B. (2005). Effect of phosphorus and sulphur application on growth and yield of *Brassica juncea* L. *J. Soil & Crops., 15(*2**):** 448-451.

Gurjar, B.S. i Chauhan, D.V.S.(1997). Właściwości plonowania i plon nasion gorczycy indyjskiej (*Brassica juncea), na które* wpływ mają odmiany, poziom nawozu i rozmieszczenie w obszarze Hansi Command. *Indian J. Agron.* **42** (1): 142-144.

Hegde, D. M. i Babu, S. N. S. (2004). Balanced fertilisation for nutritional quality in oilseeds. Fertiliser News. 49(4): 57-62, 65-66, 93.

Hiremath, S.M., Hosmani, M.M. i Chittapur, B.M. (1991) Performance of safflower *(Carthamus tinctorius)* +chickpea *(Cicer arietinum)* intercropping systems. *Indian J. Agron.*, **36**(3): 407-409.

Ibrahim, N.E. i Kahesh, M.S. (1971). Effect of associated growth on the yield and nutrition of legume and grass plant, wheat and horse beans mixed for grain production. *UAR J. soil Sci.,* **11**: 271-83.

Jackson, G.D. (2000). Effect of nitrogen and sulphur on canola yield and nutrient absorptake. *Agron. J.* **92** (4): 644 – 649.

Jaggi, R.C. (1998). Gorczyca indyjska (*Brassica juncea*), dojrzałość plonowa i materiał siewny: proporcja słomy w zależności od nawożenia siarką i fosforem. *Indian J. Agron.*, **43** (1): 129-132.

Jaggi, R.C. i Sharma, D.K. (1997). Effect of sulphur and phosphorus on yield and their uptake by Indian mustard (*Brassica juncea*). *Indian J. Agron.*, **42** (2): 352-356.

Jaggi, R.S. i Sharma, R.K. (1999). Siarka - oddziaływanie fosforu w rai (*Brassica juncea* var. Varuna) w kwaśnych alfizołach zachodnich Himalajów. *Tropo. Agric.* , **76** (3): 157-163.

Jana, P.K. (1963.) Wpływ rozstawu i nawożenia na wzrost, plon i jakość rai (*Brassica juncea). Praca magisterska. IARI, New Delhi.*

Jat, R.S. Khangarot, S.S i Rathore, S.S. (2000). Effect of different fertility levels on growth and yield of mustard (*Brassica juncea* L. Czern and Coss) *Ann. Agric. Res.* **21** (3): 421- 423.

Jena, S.N. Behera, A.K., Mishra, A., Muduli, K.C. i Das, N. (1998) Reakcja odmian musztardy (*Brassica juncea)* na azot. *Env & Ecol.* **6** (4): 849-851.

Joshi, A.J., Ahlawat, R.P.S. i Trivedi, S.J. (1991a). Effect of nitrogen and sulphur fertilization on growth and yield of mustard *(Brassica juncea)*. *Indian J. Agron.* **38**(4): 582-587.

Joshi, N.L., Mali, P.C. Saxena, A. (1998). Effect of nitrogen and sulphur application on yield and fatty acid composition of mustard *(Brassica juncea L.*) oil. *J. Agron. i uprawa Sci.* **180** (1) 59-63.

Kakati, P.K. i Kalita, M.M. (1996). Reakcja odmian gorczycy indyjskiej (*Brassica juncea)* na azot. *(Indian J. Agron.)* **41**(2): 338.

Kantwa, S.R. i Meena, N.L. (2002) Effect of irrigation, phosphorus and phosphate solubilizing bacteria on water use efficiency, yield and net return of mustard (*Brassica juncea). W rozszerzonych streszczeniach* Vol. 1: 2nd International Agronomy Congress Nov. 26-30: 458 – 459.

Karande, S. V., Khot, R. B. i Hankare, R.H. (2006). Effect of layout and nutrient integration on yield and nutrient absorption of chickpea. *Journal of Maharashtra Agricultural Universities.* **31**(3): 370-372.

Kassam, A.H. (1973.) W poszukiwaniu większych plonów z uprawami mieszanymi w północnej Nigerii. *Raport roczny Institute for Agriculture Research, Samaru, Nigeria.*

Kassam, A.H. i Stockinger, K.R. (1971.). Wzrost i pobór azotu z sorgo i prosa w uprawach mieszanych. *Samaru Agric. Newsletter.*, **15**: 28-32.

Kaushik, M.K i Chaubey, A.K. (1999). Studies on irrigation requirement of chickpea (*Cicer arietinum*). *Indian J. Agron.,* **44**(2): 367-369.

Kaushik, M.K. i Chaubey, A.K. (2001). Intercropping studies in Indian mustard (*Brassica juncea*) under the agro-climatic conditions of mid-western plains of Uttar Pradesh. *Crop Res. Hisar.,* **22**(1): 4-9.

Kaushik, S.K., Pal M. i Gautam, R.C. (1980.) Uprawa międzyplonowa w prosie perłowym *(Pennisetum americanum L.)* z krótkotrwałymi roślinami strączkowymi w warunkach suchego lądu. *Ann. Agric.* Res., **1**: 81-85.

Khanpara, V.D., Porwal, B.L., Sahu, M.P. i Patel, J.C. (1993a.) Wpływ azotu i siarki na wzrost i wydajność gorczycy (*Brassica juncea*). *Indian J. Agron.*, **38** (2): 266-269.

Khanpara, V.D., Porwal, B.L., Sahu, M.P. i Patel, J.C. (1993b.) Wpływ siarki i azotu na właściwości plonowania i plon nasion gorczycy indyjskiej *(Brassica juncea)* na vertisol. *Indian J. Agron.*, **38** (4): 588-592.

Kumar,A.i Singh,B.P.(2006).Wpływ wskaźnika rzędów i poziomu fosforu na wydajność międzyplonów ciecierzycy (Cicer arietinum)-Indyjskiej musztardy (Brassica juncea) . *Indian J. Agron.*, **51**(2): 100-102

Kumar, A. i Singh, R.P. (1987.) Potencjał produkcyjny i systemy ekonomiczne systemów międzyplonów gramowych i musztardowych w warunkach deszczowych. *Indian J. Agron.*, **32**(8): 258-260.

Kumar, N., Singh, S. i Singh, V. (2006). Effect of iron and sulphur levels on yield, oil content and their uptake by Indian mustard (*Brassica juncea*). *Indian J. Agron.*, **51**(1): 63-64.

Kumar, R., Ali, M., Arya, R. L. i Mishira, J.P. (2006). Enhancing productivity and profitability of chickpea (Cicer arietinum)+Indian mustard (Brassica juncea) intercropping system. *Indian Journal of Agronomy*. **51** (1): 27-30

Kumar, R., Singh V.P. i Faroda, A.S. (1988). Reakcja odmian gorczycy na azot w nawadnianych i konserwowanych warunkach wilgotności gleby. *Crop Res.*, **1**(2): 230-233.

Kumar, S. i Gaur, B.L. (2002). Response of taramira (Eruca sativa) to nitrogen, phosphorus and sulphur under rainfed conditions. *W rozszerzonych streszczeniach* Vol. 1: 2nd International Agronomy Congress: 464 – 465.

Kumar, S., Kumar, A. i Kadian, V.S. (1999.) Wydajność odmian musztardy indyjskiej *(Brassica juncea)* na nawadnianie i poziom płodności. *Agric.Sci.Digest* (Karnal) **19**(2): 87-88.

Kumar, S., Singh, J. i Dhingra, K.K.(1997). Leaf index relationship with solar-radiation interception and yield of Indian mustard*(Brassica juncea)* as influenced by plant population and nitrogen. *Indian J. Agron.*, **42**(2): 348-351

Kumar, S., Verma, K.P., Ram, S. i Kushwaha, S.P. (2005). Evaluation of chickpea (*Cicer arietinum*) and yellow sarson (*Brassica compestris*) inter cropping patterns under rainfed condition in Central plain zone of U.P. *Plant Archives.* **5**(1): 145-148.

Kushwaha, B.L. (1983). Badania nad zmiennością populacji musztardy (*Bassica juncea* L. Czern & Coss) i ciecierzycy wielokwiatowej (Cicer *aerietinum L.)* uprawianej w warunkach deszczowych. Praca doktorska, *Wydział Agronomii, IARI, New Delhi.*

Lakhani, D.A. (1976). Badania fizjologiczne upraw mieszanek słonecznika i rzodkiewki pastewnej. *Ph.D. Thesis, Reading University England*, pp171.

Liao, X., Wang, J.W., Liu, C. i Jin, H. (1998). Study on mineral nutrition in hybrid rape seed (Brassica napus) under different N application rate. *Chinese J. Oil Crop Sci.* **20** (1): 60-65.

Maliwal, G.L., Thakkar, K.P., Sonani, V.V., Patel, P.H i Trivedi, S.N. (1998). Reakcja musztardy (*Brassica juncea*) na nawadnianie i ferytilizatory. *Ann. Agric. Res.* **19** (3): 353-355.

Mandal, K.G., Hati K.M., Misra, A.K. i Bandyopadhyay, K.K. (2006). Assessment of irrigation and nutrient effects on growth, yield and water use efficiency of Indian mustard (*Brassica juncea*) in central India. *Agric. Woda. Manag.*, **85**(3): 279-286.

Maurya, K.L., Singh, M.V., Pandey, B.P.i Singh, S.K.(2002). Wpływ zintegrowanego zarządzania substancjami odżywczymi w musztardzie indyjskiej (*Brassica juncea*) w warunkach nawadniania. W *rozszerzonych streszczeniach.* Vol. 1, 2nd International Agronomic Congress: 462.

May, K.W. i Misangu, R. (1980). Genotype evaluation and implication of adopting plant material of intercropping. W: *Proceedings of the second symposium on intercropping in semi-arid areas,* held at Morogoro, Tabzabua, 4-7 Aug., 1980.

Meena, B.S., Tanwar, S.P.S. i Sharma, G.L. (2001). Effect of nitrogen, irrigation and interculture on yield, nutrient content and absorbake in mustard (Brassica juncea.L.Czern &Coss). *J. Gleba i rośliny uprawne.* **11**(2): 184-187.

Meena, D.S. & Gupta, A.K. (2002). Effect of phosphorus and sulphur on growth yield and quality of mustard (Brassica juncea) . W *rozszerzonych podsumowaniach.* Vol. 1: 2nd International Agronomic Congress: 614-615

Meena, S.L. (1985). Badania nad zarządzaniem azotem w systemach uprawy międzyplonów gorczycy i ciecierzycy w warunkach deszczowych. Praca doktorska, IARI, New Delhi.

Meena, V.S i Sumeriya, H.K. (2002). Reakcja musztardy (Brassica juncea) na azot, nawadnianie i hodowle międzykulturowe. W *rozszerzonych streszczeniach.* Vol. 1, 2nd International Agronomic Congress: 285-287.

Mehdi, S.S., Singh, O.P. i Singh, P. (2006). Wpływ nawożenia siarką na różne cechy jakościowe musztardy indyjskiej (*Brassica juncea* L.) w północno-zachodnim traktacie Uttar Pradesh. *Envi & Ecol., 24(*2**)**: 338-340.

Mina, B.L. i Manohar, R.S.(2002). Wpływ fosforu i cynku na plon i jakość musztardy (*Brassica juncea*) w glebie piaszczysto-gliniastej. W streszczeniach*: Narodowe Sympozjum na temat rolnictwa w zmieniającym się scenariuszu globalnym,* luty 21-23. Zorganizowane przez indyjskie społeczeństwo nauk rolniczych &ICAR:106.

Mohan, K. i Sharma, H.C. (1992.) Effect of nitrogen and sulphur on growth, yield attributes, seed and oil yield of Indian mustard (*Brassica juncea*). *Indian J. Agron*., **37**(4): 748-754.

Mondal, M.R.I. i Gaffer, M.A. (1983). Effect of nitrogen and phosphorus on the yield and yield contributing character of mustard. *Bangladesz J. Agric. Res*., **8**(1): 37-43.

Mudholkar, N.J. i Ahlawat, I.P.S. (1981). Reakcja rzepaku na zagęszczenie roślin i nawożenie. *Indian J. Agron*., **26**(2): 184-188.

Nanwal, R.K., Thakral, S.K. i Kumar, R. (2000). Reakcja odmian gorczycy indyjskiej *(Brassica juncea)* na azot i azetobaktor w warunkach zachowywania wilgotności. *Ann. Agric. Biol.* (Ludhiana) **16** (1): 85-86.

Narang, R.S., Mahal, S.S. i Gill, M.S. (1993). Effect of phosphorus and sulphur on growth and yield of toria (*Brassica campestris* Sub. sp. Oleifera var. toria). *Indian J. Agron.* **38** (4): 593-597.

Nelliet, V. Bavapa, K.V. i Nair, P.K.R. (1974). Multiple cropping. Nowa dyskusja na temat upraw wielokrotnych dla plantacji kokosów. *Uprawy światowe*, s. 262-66.

Nepalia, V. i Daniel, P. 2002. Effect of agrochemicals and NPK fertilizers on growth and yield of Indian Mustard *(Brassica juncea)*. W streszczeniach: *Narodowe Sympozjum na temat rolnictwa w zmieniającym się scenariuszu globalnym*, luty 21-23: 151.

Norman, D.W. (1972). Badanie ekonomiczne trzech wsi w prowincji Zaria: II Relacje wejście-wyjście. Uniwersytet Ahmadu Bellow, Samaru, Nigeria.

Padmani, D.R., Porwal, B.L. Jain, P.M. i Patel, J.G. 1992.Wpływ nawadniania i azotu na plonowanie i właściwości plonotwórcze gorczycy *(Brassica juncea). Indian J. Agron.,* **37**(3): 477- 480.

Padmani, D.R., Porwal, B.L. i Patel, J.C. 1994.Wpływ poziomu nawadniania, azotu i Jalashakti na wzrost i plon musztardy indyjskiej. (Brassica juncea). Indian J. Agron., **39**(4): 599-603.

Parihar, S. S., Pandey, D., Verma, V. K., Shukla, R. K., Chaure, N. K., Choudhary, K. K. i Pandya, K. S. (2000). Effect of spatial arrangement of intercropping and irrigation level on yield, economics and nutrient absorbake of chickpea (*Cicer arietinum*) and mustard (*Brassica juncea*). *International Journal of Tropical Agriculture.* **18**(3): 241-246.

Patel, K.A., Parmar, M.T. i Patel, J.C. (1980). Reakcja musztardy na różne rozstawy i poziomy azotu i fosforu. Indian J. Agron., **24**(3): 524-525.

Patel, J.R. (1999).Wpływ nawadniania i azotu na musztardę. J. Mah.Agric.Univ. **23**(3): 259-261.

Patel, J.R. i Shelke, V.B. (1998). Effect of FYM , phosphorous and sulphur on growth, yield and quality of Indian mustard*(Brassica juncea). Indian J. Agron.,* **43(4)**: 713-717.

Patel, J.R. i Shelke, V.B. (1999). Effect of FYM, phosphorous and sulphur on vegetative growth character of mustard. *Bhartiya Krishi Anusandhan Patrika.* **14**(1/2): 49-53.

Patel, J.R. i Shelke, V.B. (1999). Effect of FYM, phosphorous and sulphur on yield attributes,yield, quality and net return of mustard *Bhartiya Krishi Anusandhan Patrika.* **14**(1/2): 93-99

Piri, I.i Sharma, S.N.(2006). Analiza fizjologiczna wzrostu i plonu gorczycy indyjskiej pod wpływem nawadniania i siarki. *Indian Journal of Plant Physiology.* **11**(3): 253-260

Poonia, B.S., Singh, J. i Kumar, R. (2002). Effect of levels and sources of phosphorus on yield and nutrient content of mustard. (*Brassica juncea*). *Ann. z Biol.* **18**(2): 133-136.

Prakash, Om, Das, T.K., Singh, H.B. i Singh, N.(1999). Wydajność trzech gatunków kapustnych w zależności od czasu siewu i azotu. Atrybuty plonów i wydajność. *Ann.Agric.Res.*20(4): 448-454.

Prakash, Om, Das, T.K., Singh, H.B. i Singh, N.(2000) Badania dotyczące wydajności trzech gatunków kapustnych w zależności od czasu siewu i azotu. 1. Wzrost i pobór składników pokarmowych. *Ann.Agric.Res*. **21**(2): 169-174.

Prasad, K., Singh, R. K. i Pyare, R. (2006). Badania nad krzyżowaniem upraw odmian musztardy z ciecierzycą. Indian Journal of Pulses Research. **19** (1): 73-75.

Prasad, U.K. i Eshanullah, M. (1988). Effect of irrigation and nitrogen on yield and yield attributes. *Indian J. Agron.*, **33** (1): 47-51.

Punia, B.S., Porwal, B.L. i Singh, J. (2002).Odmianowa odpowiedź musztardy na nawożenie fosforem na vertisolach Radżastanu. *Ann. z Biol.* **18**(1): 47-48.

Puri, G., Jaipurkar, S.A., Pajpai, R.K.(1999). Wpływ stanu żyzności gleby i stosowania podstawowych składników pokarmowych (NPK) na skład chemiczny zawartości oleju w gorczycy (Brassica juncea L.) uprawianej w vertisols. *J. gleby i uprawy* **9** (2): 164-167.

Qian, P. i Schoenau, J.J.(2000). Effect of swine manure and urea on soil phosphorus supply to canola. *J.Plant Nutr.* **23**(3):381-390.

Ram, Baldev i Pareek, R.G. (1999). Effect of phosphorus, S and PSB on growth and yield of mustard. *Agricultural science digest* (Karnal) **19**(3)203-206.

Rana, D.S. i Pachauri, D.K. (2002). Reakcja odmian gorczycy (*Brassica juncea*) na poziom azotu i zagęszczenie roślin. In. abstracts, *National symposium on agriculture in changing global scenario*: 166.

Rana, K.S., Gautam, R.C. i Pushpendra Kumar. (2002). Zintegrowane zarządzanie składnikami pokarmowymi w musztardzie w warunkach suchych. In. abstracts, *national symposium on agriculture in changing global scenario* Feb. 21-23:165.

Rana, K.S., Rana, D.S. i Gautam, R.C. (2005). Wpływ fosforu, siarki i boru na wzrost, wydajność, pobieranie składników odżywczych i ekonomikę gorczycy indyjskiej (*Brassica juncea*) w warunkach deszczowych. *Indian J. Agron.*, **50**(4): 314-316.

Rao, M.R. i Shetty S.V.R. (1977). Niektóre biologiczne aspekty systemu uprawy międzyplonów na chwastach uprawnych i równowaga. *Weed Sci. Workshop*, A.P.A.U., Hyderabad (Indie).

Rathore, P.S. i Manohar, S.S. (1989). Reakcja musztardy na azot i siarkę. II. Wpływ azotu i siarki na właściwości pomocnicze i wydajność musztardy. *Indian J. Agron.*, **34**(3): 333-336.

Rathore, P.S. i Manohar, S.S. (1990). Wpływ siarki i azotu na plon nasion i pobór azotu przez gorczyce. *Indian J. Agron.,* **35**(4): 361-363.

Reddy, B.N. Sinha, M.N. (1987). Effect of irrigation and fertilization on yield and economics of Indian mustard. *J. Oilseeds Res.,* **4**(2): 202-210.

Ryż, E.L. (1974). *Allelopatia.* Academic Press, New York, U.S.A.

Risser, P.G. (1962). Relacja konkurencyjna między roślinami trawiastymi. *Biol. Rev.,* **35**: 351.

Roy, R.K. i Tripathi, R.S. (1985). Effect of irrigation and phosphorus on yield, nodulation, water use efficiency and nutrient concentration in chickpea. *Indian J. Agron.,* **30**: 401-406.

Sadhu, A.C., Malavia, D.D., Mathukia, R.K. i Khanpara, V.D. 1997. Water and nutrient management in Indian mustard *(Brassica juncea)* and their residual effect on rain rain rain season groundnut (Arachis hypogea). *Indian J. Agron.,* **42**(3): 342-347.

Sah, D., Bohra, J.S. i Shukla, D.N. (2006). Effect of N, P and S on growth attributes of and nutrient absorbake by Indian mustard [*Brassica juncea* (L.) Czern & Coss]. *Crop Res. Hisar.,* **31**(1): 52-55.

Sah, D., Bohra, J.S.; oraz Srivastava, R.K. (2005). Nawożenie azotem, fosforem i siarką w odniesieniu do cech plonu i wydajności gorczycy indyjskiej (*Brassica juncea* L. Czern & Coss). *Envi. & Ecol., 23(*2**)**: 338-341.

Sahoo, R.K., Abdul, K., Sujith, G.M. i szeryf, R.A.(2000). Wpływ systemów rozstawiania i poziomu azotu na plon i jakość odmian gorczycy. *Res. On crops* **1**:50-54.University of Agric. Nauki, Bangalore.

Samui, R.C., Das, S., Bhattacharya, P., Singh, R.K. i Das, P. (1986). Effect of irrigation, nitrogen and iron on growth, yield and consumptive use of Indian mustard. *Indian J. Agron.,* **31**(3): 58-62.

Saraf. C.S., Baldev, B., Ali, M. i Salim, S.N. (1990). Improved cropping systems and alternative cropping practice pp 105-108. *W*: *Chickpea in the nineties* Proceedings of the second International workshop on chickpea Improvement, ICRISAT, Center, Pantancheru, Andhra Pradesh.

Sarma, N.N., Sarma, D. i Paul, S.R. (1999).Wpływ poziomu azotu i rozstawu rzędów na wzrost i plon deszczówki indyjskiej (*Brassica juncea)* w strefach górskich Assam. *J. agric. Sci. soc. North east India* **12**(2): 141-144.

Saxena, M.C. i Yadav, D.S. (1975). Niektóre względy agronomiczne dotyczące grochu gołębiego i ciecierzycy. *W: Międzynarodowe warsztaty na temat roślin strączkowych w ICRISAT*, Patancheru, Hyderabad, Indie. An, 13-16, 1975, s. 31-61.

Sharma, A.K. i Tiwari, S.P. (1994). Efektywne wykorzystanie wody do nawadniania w regionie Bundelkhand. *Indian Journal of Soil Conservation*. **22**(3): 90-92

Sharma,G.,Sutaliya,R.,Singh,J.i Sharma,K.P.(2005); Potencjał produkcyjny i zysk ekonomiczny systemów międzyplonowych gorczycy [Brassica juncea (L.) Czern & Coss] i siemienia lnianego (Linum usitatissimum L.) w stanie nawodnionym. Crop-Research-Hisar. 30(3): 483-485.

Sharma, J.P. (1994). Reakcja musztardy indyjskiej (Brassica juncea) na różne schematy nawadniania, poziom azotu i siarki. *Indyjska J . Agron.* **39**(3):421-425.

Sharma, N.P. i Jalali, V.K.(2001). Reakcja musztardy karmionej deszczem (Brassica juncea) na siarkę i fosfor na inceptyzole w środkowo-pagórkowatej strefie pośredniej Jammu i Kaszmiru. *Indian J. Agric. Sci.* **71**(3): 195-196.

Sharma, R., Dahiya, S.S. Yadav, H.D. i Singh, M. (2005). Effect of sulphur application on yield attributes, yield, S uptake and oil content of Indian mustard (Brassica juncea L.). Haryana Agric. Unvi. J. Res., 35(2): 135-138.

Sharma, S.K. , Rao, D.S., Gupta, S.K.(1997). Effect of crop geometry and nitrogen on quality and oil yield of Brassica species. *Indian J. Agron* . **42**(3): 498-501.

Singh, B.P. (1983). Response of mustard and chickpea to moisture in soil profile and plant population on arid soils. *Indian Journal Agricultural Science* **53**: 543-49.

Singh, H. i Giri, G. (1998). Aspekty jakościowe, biometryczne i ekonomiczne gorczycy i ciecierzycy, na które ma wpływ uprawa międzyplonów oraz nawożenie N i P. *Ann. Agric. Res.,* **19**(1): 61-65.

Singh, H.B., Singh, D. i Singh, G. (1993). Reakcja ciecierzycy na fosfor w różnych wzorach sadzenia. *Ann. Agric. Res.,* **14**(1): 122-123.

Singh, G.K. i Prasad, K .(2003). Badania nad wpływem rozstawu rzędów i dawek azotu na wydajność i zysk z gorczycy indyjskiej. *Progresywne rolnictwo*. **3**(1/2): 146-147.

Singh, K. i Singh, D. (1987). Reakcja musztardy na azot i odstępy. *Indian J. Agron.* **32** (1): 15-17.

Singh, M., Singh, H.B. i Giri, G. (1997). Akumulacja suchej masy i pobieranie N i P przez gorczyce i ciecierzycy, pod wpływem uprawy międzyplonowej i poziomu N i P. *Ann. Agric. Res.*, **18**(2): 135-142.

Singh, M., Singh, H.B. i Giri, G. (1997). Effect of nitrogen and phosphorus on growth and yield of Indian mustard (*Brassica juncea*) and chickpea (*Cicer arietinum*) in intercropping. *Indian J. Agron.*, **42**(4): 592-596

Singh, M., Singh, H. i Giri, G. (1998). Aspekty jakościowe, biometryczne i ekonomiczne gorczycy i ciecierzycy, na które wpływ ma uprawa międzyplonów oraz nawożenie N i P. *Ann. Agric. Res.*, **19**(1): 61-65.

. Singh, O.P. (1990). Badania nad gospodarką azotową w systemach uprawy międzyplonów pszenicy w warunkach ograniczonego nawadniania. Ph.D. Thesis, Division of Agronomy, IARI, New Delhi.

Singh, R.A., Gupta, S.C. Moinbasha, S. (1987). Moisture needs of Indian mustard chickpea intercropping. *Indian J Agric Sci.*, **57**(8): 553-558.

Singh, R.P., i Kumar, A. (2002) Wpływ organicznego i nieorganicznego źródła składników odżywczych, wydajność, pobieranie składników odżywczych i jakość indyjskiej musztardy (*Brassica juncea*) W *rozszerzonych podsumowaniach* vol.1:^{2} międzynarodowego kongresu agronomii:616-617.

Singh, R.P. i Singh, Y. (1998) Performance of rainfed Indian mustard (*Brassica juncea*) varities at varying levels of nitrogen. Indyjski *J. Agron.* **43**(4): 709-712.

Singh, R. i Sinsinwar, B.S. (2006). Effect of integrated nutrient management on growth, yield, oil content and nutrient absorption of Indian mustard (*Brassica juncea*) in eastern part of Rajasthan. *Indyjska musztarda J. Agric. Sci.,* **76**(5): 322-324.

Singh, S. i Buttar, G.S. (2006). Reakcja różnych odmian musztardy indyjskiej (*Brassica juncea* L.) na różne poziomy płodności w półsuchych warunkach Pendżabu. *Res. on Crops,* **7**(2): 409-410.

Singh, S., Malik, R. K., Dhukia, R. S., Punia, S. S. i Yadav (2006). Correlation and interaction studies in late-sown chickpea (Cicer arietinum) under various irrigation, sulfur and seed inoculation levels. Środowisko i ekologia. 24S (Special 3A): 876-879.

Singh, S. i Kamath, M.B. (1991). Badania wskaźnikowe skuteczności stosowania P przez musztardę (*Brassica juncea* L.), krokosza barwierskiego (*Carthamus tinctorius* L.) i ciecierzycę (*Cicer arietinum* L.). *J. Nasiona oleiste Res.,* **8**(1): 46-52.

Singh, S., Malik, R.K. i Punia, S.S. (2005). Wydajność ciecierzycy późno zasianej (*Cicer arietinum* L.) i jej ekonomiczna wykonalność, na którą wpływ ma nawadnianie, siarka i inokulacja nasion. *Haryana Agric. Univ. J. Res.*, **35**(2): 131-134.

Singh, S., Saini, S.S. i Singh, B.P. (2004). Plon, jakość, zawartość składników odżywczych i pobieranie w późno zasianej ciecierzycy (*Cicer arietinum* L.) pod wpływem nawadniania, poziomu siarki i szczepienia nasion. *Haryana J. Agron.*, **20**(1-2): 46-48.

Singh, S. i Sharma, H.C. (1982). Effect of profile soil moisture and nitrogen levels on yield and oil content of raya (*Brassica juncea)* L. (Zern). *Haryana Agric. Univ. J. Res.* **13** (3): 486-494.

Singh, S., Sheoran, P., Rana, D.S. i Bawa, S.S.(2006). Effect of raya (Brassica juncea) row direction on chickpea yield, water use and economics under different intercropping patterns in submontanous region of Punjab. *Indian Journal of Dryland Agricultural Research and Development.* **21**(2): 127-131.

Singh, S.P. i Singh, V. (2005). Effect of nitrogen, sulphur and zinc on Indian mustard (*Brassica juncea*). *Indian J. Agric. Sci.,* **75**(12): 828-830.

Singh, S.S. i Dixit, R.S. (1989), Reakcja musztardy na różne poziomy nawadniania i azotu. *Indian J. Agron.* **34** (3): 307-311.

Singh, Y., Gaur, N.S. i Singh, D.(1994). Reakcja indyjskiej musztardy (*Brassica juncea* L.) i soczewicy (Lens culinaris) na azot, fosfor i potas w zachodniej części Uttar Pradesh . *Indian J. Agron.* **39**(4):688-689.

Singh, Y. i Singh, M. (1991). Wpływ czasu siewu, rozmieszczenia i poziomu azotu na plon gorczycy (Brassica juncea). Indian J. Agron. 36 (3): 429-430.

Sugawe, G.T., Shelke, V.B. i Mundhe, P.R. (1996). Wpływ nawadniania i azotu na jakość i wydajność olejową gorczycy. *J.Mah.Agric.Univ.* **21**(2):306-307.

Sugawe, G.T and Shelke, V.B. (1999).Reakcja musztardy na różne poziomy nawadniania i azotu. *J.Mah.Agric.Univ.* **22**(3):316-317.

Sumeriya,H.K., Meena, N.L. i Mali, A.L.(2000) Effect of phosphorus, triacontanolgranules and growth promoterson the productivity of mustard (Brassica junceaL. Czern &Coss) *International J. Trop.Agric.* **18**(3):283-286.

Swamy, K.R. i Bajaj, J.C. (1988). Badania nad wpływem zastosowanych nawozów i resztkowego wpływu gnojowicy biogazowej na pobór, plon i zawartość oleju w gorczycy. *J. Oilseeds Res.,* **5**: 17-26.

Thakur, K.S. (1999). Reakcja obiecujących odmian gorczycy indyjskiej (Brassica juncea) na azot i rozstaw pod wzgórzami, warunki opadowe Himachal Pradesh. *Indian J. Agron.* **44**(4):816

Tigga, R., Joshi, B.S. Malaiya, S. i Shrivastava, G. K. (2004). Effect of intercropping and integrated nutrient management on growth and yield of mustard and chickpea. Annals of Agricultural Research. 25(3): 453-455.

Tomar, R.K.S. i Mishra, G.L. (1991) Wpływ terminów siewu i azotu na wydajność gorczycy (Brassica juncea L.). J. Nasiona oleiste Res. 8: 210-214.

Tomar, S., Tomar, S. Singh, S. (1992). Effect of irrigation and fertility levels on growth, yield and quality of mustard (Brassica juncea). Indian J. Agron., 37(1):76-78.

Tomar, T.S., Singh, S., Kumar, S i Tomar S. (1997).Reakcja indyjskiej musztardy (Brassica juncea) na nawożenie azotem, fosforem i siarką. Indian J. Agron., 42(1): 148-151.

Tripathi, H.N, Chand, S. i Tripathi, A.K. (2005). Biological and economical feasibility of chickpea (Cicer arietinum) +Indian mustard (Brassica juncea) cropping systems under varying levels of phosphorus. Indian J. Agron., 50(1): 31-34.

Tripathi, H.N., Chand, S. i Tripathi, A.K. (2005). Effect of phosphorus and gram (Cicer arietinum) on Indian mustard (Brassica juncea) in different intercropping systems under irrigated conditions of central U.P. Haryana J. Agron., 21(1):3-6.

Tripathi, H.N., Subash, C. i Tripathi, A.K. (2000). Wzrost i plon grama bengalskiego (Cicer arietinum) pod wpływem gorczycy uprawianej jako międzyplon oraz zróżnicowanych poziomów fosforu. Res. Crops., 6(2): 205-208.

Upasani, R.R. i Sharma, H.C. (1986). Wpływ azotu i siarki na niektóre parametry wzrostu, efektywność wykorzystania ewaporacji i wilgotności musztardy w warunkach suchego gruntu. *Indian J. Agron.,* **31**(3): 222-228.

Uttam, S.K., Keim, D.C. i Kumar, A. (1997). Effect of sulphur and nitrogen on yield attributes, yield and water use efficiency of mustard (Brassica juncea L.) under rainfed conditions. *Bharatiya Krishi Anusandhan Patrika* **12**(2): 72-76.

Velichka, R., Kuchinskas, I., Pekarskasi, I. i Rimkevichene, M. (1998). Wpływ nawozów azotowych na plon i jakość rzepaku ozimego. *Agrokhimiya.*No. 11:39-44.

Vidyapatiroy, Maiti, S. i Chatterjee, B.N. (1981). Analizy wzrostu i odpowiedzi nawozowe indyjskiej musztardy "Varuna". *Indyjska musztarda J. Agric. Sci.*, **51**: 173-180.

Vir, P. i Verma, B.S. (1981). Wpływ azotu, fosforu i rozstawu rzędów na plonowanie, cechy plonu i zawartość oleju w musztardzie tropikalnej podawanej w deszczu. *Indian J. Agron.*, **26** (1): 37-41.

Vyas, A.K. i Rai, R.K. (1993). Effect of planting patterns and phosphorus levels on phosphorus absorbake and yield of mustard and chickpea under rainfed conditions. *Fertilizer News*, **38**(2): 43-45 i 47-49.

Willey, R.W. (1979). Intercropping, jego znaczenie i potrzeby badawcze. Część I. Konkurencja i przewaga plonów. *Field Crop Abstr.*, **32**: 1-10.

Yadav, S.S., Singh, B., Singh, S. i Tikkoo, A. (2005). Effect of levels and sources of P and S on growth and yield of Indian mustard (*Brassica juncea* L.) in light textured soils of Southern Haryana. *Haryana J. Agron.*, **21**(2): 136-137.

DODATKI

Dodatek-I- Cotygodniowe dane meteorologiczne dla sezonu upraw 2005-06

Miesiąc	Tygodnie	Max. temp. (oC)	Min. temp. (oC)	R.H. Max. (%)	Opady deszczu (mm)	Odparowanie (mm)	Słońce (hr)	Prędkość wiatru (km/godz.)
Październik.	40	34.0	20.1	79.9	0.0	3.2	3.0	3.3
	41	34.0	18.2	82.7	0.0	4.3	6.1	1.9
	42	31.7	15.6	85.4	0.0	3.5	7.4	1.0
	43	28.1	18.9	86.4	0.0	3.9	6.7	1.5
W listopadzie.	44	26.7	14.0	84.2	0.0	3.2	6.5	2.4
	45	26.9	13.0	85.0	0.0	4.1	6.0	1.3
	46	25.9	10.6	82.0	0.0	3.1	4.9	1.8
	47	25.0	9.0	86.0	0.0	4.0	5.0	3.1
	48	21.7	7.0	84.9	0.0	2.1	5.0	0.9
Dec.	49	21.6	6.5	81.6	0.0	3.2	4.0	1.3
	50	21.0	7.0	87.5	0.0	3.1	3.9	2.6
	51	20.4	6.7	89.1	0.0	4.2	4.2	4.0
	52	20.6	6.9	90.2	0.0	4.5	4.3	3.8
Jan.	1	19.1	6.2	87.7	0.1	1.4	1.8	4.7
	2	21.2	6.9	84.5	0.0	2.1	5.2	3.8
	3	23.4	9.9	86.4	0.0	2.0	4.6	3.8
	4	22.2	7.4	83.3	0.0	1.4	1.9	5.4
Luty.	5	25.7	10.5	85.5	0.0	2.1	6.2	3.9
	6	27.7	12.8	89.6	0.0	1.4	4.1	3.0
	7	30.0	15.8	87.4	0.0	1.8	5.3	3.6
	8	30.7	15.1	88.8	0.0	3.7	8.4	5.7
Marzec	9	30.1	12.4	85.7	0.0	4.6	7.9	5.0
	10	26.7	16.0	83.1	2.7	4.0	5.0	2.5
	11	30.5	14.6	86.4	0.0	4.9	8.1	1.4
	12	32.1	16.2	80.6	0.0	4.2	7.8	3.7
Kwiecień	13	35.6	18.7	79.5	0.0	5.7	9.3	4.2
	14	36.3	19.4	65.6	0.0	6.2	9.6	3.1
	15	35.1	18.9	55.4	0.0	7.0	8.0	5.9
	16	38.2	23.5	57.4	0.0	6.7	8.6	2.8

Dodatek-II- Cotygodniowe dane meteorologiczne dla sezonu upraw-2006-07

Miesiąc	Tygodnie	Max. temp. (°C)	Min. temp. (°C)	R.H. Max. (%)	Opady deszczu (mm)	Odparowanie (mm)	Słońce (hr)	Prędkość wiatru (km/godz.)
Październik.	40	35.3	21.4	78.0	3.5	4.2	9.2	5.6
	41	34.3	21.4	77.6	0.0	3.7	8.1	6.8
	42	29.3	18.0	84.0	0.0	2.8	5.6	2.0
	43	27.9	16.8	86.9	0.0	3.7	7.2	1.9
W listopadzie.	44	27.9	16.1	87.4	0.0	3.3	5.5	6.0
	45	26.8	15.5	89.6	0.0	2.6	3.3	7.0
	46	25.8	13.8	82.5	0.0	2.0	5.0	3.1
	47	22.9	9.8	83.8	0.0	3.6	5.0	2.0
	48	23.5	10.8	85.1	0.0	3.2	6.0	6.8
Dec.	49	21.9	8.4	84.4	0.0	2.8	5.6	8.2
	50	21.7	8.5	84.9	0.0	3.5	4.5	7.0
	51	20.1	7.2	88.7	0.0	2.8	5.6	2.0
	52	21.5	7.5	89.0	0.0	2.5	4.5	2.3
Jan.	1	18.0	5.4	85.4	0.0	1.7	5.1	3.6
	2	18.6	5.2	82.8	0.0	2.3	6.5	2.2
	3	21.4	6.8	79.6	0.0	2.8	4.1	1.8
	4	23.9	9.9	83.3	0.3	2.7	7.6	3.9
Luty.	5	24.4	10.4	83.2	2.6	3.0	5.9	2.1
	6	19.0	10.5	78.2	6.9	4.2	7.7	2.0
	7	24.4	10.1	85.9	0.0	4.5	5.8	1.4
	8	25.9	11.9	84.3	3.0	4.5	6.4	2.4
Marzec	9	25.4	11.2	83.6	0.0	4.6	7.1	3.2
	10	26.9	12.6	82.1	4.7	4.2	6.0	2.2
	11	30.4	16.0	82.4	2.2	3.1	4.6	3.0
	12	33.0	17.0	74.1	0.0	4.3	8.4	5.9
Kwiecień	13	34.3	17.8	68.2	0.0	7.7	8.4	5.6
	14	36.5	21.0	64.4	0.0	8.1	9.5	5.2
	15	37.7	23.3	60.1	0.0	10.0	8.9	5.6
	16	39.4	24.1	57.4	0.0	8.2	5.6	5.3

Załącznik III. Mądre traktowanie kosztów uprawy (R/ha)

Leczenie	Stałe	Nasion a	Irygacja	Nawóz	Razem
C1I0F1	10000	80	0	580	10660
C1I0F2	10000	80	0	960	11040
C1I0F3	10000	80	0	912	10992
C1I1F1	10000	80	1000	580	11660
C1I1F2	10000	80	1000	960	12040
C1I1F3	10000	80	1000	912	11992
C1I2F1	10000	80	1000	580	11660
C1I2F2	10000	80	1000	960	12040
C1I2F3	10000	80	1000	912	11992
C1I3F1	10000	80	2000	580	12660
C1I3F2	10000	80	2000	960	13040
C1I3F3	10000	80	2000	912	12992
C2I0F1	10000	4000	0	580	14580
C2I0F2	10000	4000	0	960	14960
C2I0F3	10000	4000	0	912	14912
C2I1F1	10000	4000	1000	580	15580
C2I1F2	10000	4000	1000	960	15960
C2I1F3	10000	4000	1000	912	15912
C2I2F1	10000	4000	1000	580	15580
C2I2F2	10000	4000	1000	960	15960
C2I2F3	10000	4000	1000	912	15912
C2I3F1	10000	4000	2000	580	16580
C2I3F2	10000	4000	2000	960	16960
C23F3	10000	4000	2000	912	16912
C3I0F1	10000	3216	0	580	13796
C3I0F2	10000	3216	0	960	14176
C3I0F3	10000	3216	0	912	14128
C3I1F1	10000	3216	1000	580	14796
C3I1F2	10000	3216	1000	960	15176
C3I1F3	10000	3216	1000	912	15128
C3I2F1	10000	3216	1000	580	14796
C3I2F2	10000	3216	1000	960	15176
C3I2F3	10000	3216	1000	912	15128
C3I3F1	10000	3216	2000	580	15796
C3I3F2	10000	3216	2000	960	16176
C3I3F3	10000	3216	2000	912	16128

Dodatek IV. Koszt uprawy (Rs./ha)

I. Koszty niezmienne

Sl.No.	Pozycja	Stopa/ha	Kwota
1	Dzierżawa gruntów	Rs 3000	3000
2	Przygotowanie terenu		
	Podwójne dyskowanie	Rs 1250	1250
	Kultywator z *pata*	Rs 1000	1000
3	Układać się	Rs 250	250
4	Zastosowanie nawozu 2 roboczogodziny/ha	Rs 80/praca	160
5	Siew	Rs 400	400
6	Rozcieńczanie i wypełnianie luk 4 prace/ha	Rs 80/praca	320
7	Odchwaszczanie 10 prac	Rs 80/praca	800
8	Środki ochrony roślin		
	Herbicyd	Rs 300/ha	300
	Środek owadobójczy	Rs 300/ha	300
9	Opryskiwanie herbicydami i insektycydami		800
	10 prac		
10	Obserwacja ptaków 5 robotników	Rs 60/labourer	300
11	Zebranie 5 robotników	Rs 80/labourer	400
12	Proszkowanie przy użyciu młockarni mechanicznej	Rs 400/ha	400
13	Czyszczenie, suszenie i pakowanie w worki 4 robotników	Rs 80/labourer	320

II. Koszty zmienne

Sl.No.	Pozycja	Koszt (R/ha)	Kwota
1	Nasiona		
	Musztarda (C1)	Rs 80/ha	80
	Ciecierzyca (C2)	Rs 4000/ha	4000
	Ciecierzyca+Mustarda (C3)	Rs 3216/ha	3216
2	Irygacja		
	Jeden (I1 i I2)	Rs 1000/ha	1000
	Dwa (I3)	Rs 2000/ha	2000
3	Nawóz		
	20N:40P2O5:10K2O (F1)		580
	40N:60P2O5:20K2O (F2)		960
	RDF(F3)		912

III. Ceny produktów uwzględnianych w obliczeniach

Sl.No.	Pozycja	Rs/kg
1	Musztarda	15
2	Ciecierzyca	30

Kolibri 360 GmbH
Ferdinand-Jühlke-Straße 7
99095 Erfurt, Deutschland
produktsicherheit@kolibri360.de

Druck:
CPI Druckdienstleistungen GmbH
im Auftrag der
Kolibri 360 GmbH
Ferdinand-Jühlke-Str. 7
99095 Erfurt